植物线虫分子生物学实验教程

林柏荣 卓 侃 廖金铃 编著

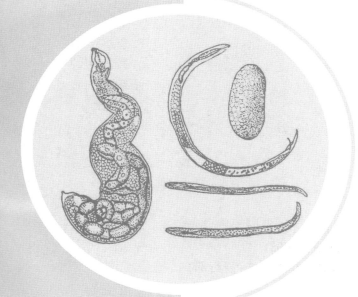

中国农业科学技术出版社

图书在版编目（CIP）数据

植物线虫分子生物学实验教程／林柏荣，卓侃，廖金铃编著. —北京：中国农业科学技术出版社，2017.8
ISBN 978-7-5116-3210-4

Ⅰ.①植… Ⅱ.①林…②卓…③廖… Ⅲ.①植物病害–线虫感染–分子生物学–实验–教材 Ⅳ.①S432.4-33

中国版本图书馆 CIP 数据核字（2017）第 189423 号

责任编辑	姚　欢
责任校对	马广洋

出　版　者	中国农业科学技术出版社
	北京市中关村南大街 12 号　邮编：100081
电　　　话	（010）82106631（编辑室）　（010）82109702（发行部）
	（010）82109709（读者服务部）
传　　　真	（010）82106650
网　　　址	http://www.castp.cn
经　销　者	各地新华书店
印　刷　者	北京富泰印刷有限责任公司
开　　　本	787 mm×1 092 mm　1/16
印　　　张	5.5
字　　　数	130 千字
版　　　次	2017 年 8 月第 1 版　2017 年 8 月第 1 次印刷
定　　　价	20.00 元

前　　言

　　《植物线虫分子生物学实验教程》精选了植物线虫分子生物学传统的和最新发展起来的实验技术，这些实验技术是植物线虫研究方向甚至植物保护学专业的学生需要掌握的实验方法。

　　本教材涵盖了植物线虫分子生物学实验6方面内容，共16个实验，包括核酸操作基本技术：如大量线虫DNA提取、微量线虫DNA提取、大量线虫RNA提取和微量线虫RNA提取；基因表达研究技术：如基因龄期表达分析方法和基因原位杂交方法；蛋白质定位研究方法：如免疫定位方法和GFP-植物线虫效应蛋白融合表达；植物线虫效应蛋白对寄主免疫反应影响的研究方法：如效应蛋白对ROS抑制、对胼胝质抑制、对防卫基因表达抑制和对ETI反应抑制的检测方法；线虫效应蛋白与寄主相互作用的研究方法：如酵母双杂交、荧光双分子互补实验和免疫共沉淀；其他植物线虫分子生物学实验技术：如线虫分子鉴定方法和RNA沉默等。

　　本教材主要编写分工如下：廖金铃（华南农业大学）编写实验一植物线虫DNA提取、实验三植物线虫RNA提取和实验四植物线虫基因的龄期表达分析；卓侃（华南农业大学）编写实验二植物线虫分子鉴定方法、实验五RNA沉默、实验六植物线虫基因的原位杂交研究方法、实验八绿色荧光蛋白-植物线虫效应蛋白融合表达的载体构建、表达和观察；林柏荣（华南农业大学）编写实验七植物线虫效应蛋白的免疫定位、实验九植物线虫调节寄主免疫反应的研究方法——对ROS抑制、实验十对胼胝质沉积抑制、实验十一对防卫基因表达的抑制、实验十二对ETI反应的抑制、实验十三酵母双杂交cDNA文库构建方法、实验十四酵母双杂交系统筛选相互作用蛋白、实验十五荧光双分子互补载体构建与表达方法、实验十六免疫共沉淀实验方法。在编写过程中，华南农业大学扈丽丽博士，研究生阳盼、孙丹丹和本科生李君霞协助资料输入、编排和校对等工作，谨此致谢。

　　本教材的实验内容从实验设计、实验选材到实验操作都经过多次实践和证明，并充分考虑了内容的实用性。通过学习和训练，本教材能有助提高学生的实验操作和实验设计能力，适合高等院校本科生和研究生使用，也可供高等院校和科研机构从事植物线虫分子生物学研究的科研工作者参考。本教材得到国家自然科学基金（31471750；31601614和31401716）和华南农业大学教育教学改革与研究项目（JG16062）的资助。

　　由于编者水平有限，不当和错误之处在所难免，敬请指正。

目　　录

实验一　植物线虫 DNA 提取

　　DNA 的提取通常用于构建基因组文库、Southern 杂交、PCR 分离基因或分子检测等。本实验主要介绍大量线虫 DNA 和单条线虫 DNA 的提取方法。

【实验目的】　　　　　　了解植物线虫 DNA 提取的实验原理和方法。

【实验原理】　　　　　　从动物组织中提取 DNA 需先经过合适的方法破碎细胞与细胞核，使染色体释放出来，同时去除细胞内的非 DNA 成分，如与 DNA 结合的组蛋白与非组蛋白、胞内多糖等，然后再加入乙醇、异丙醇等把 DNA 从水相体系中分离出来。

　　　　　　　　　　　　大量线虫 DNA 提取时，细胞的破碎一般需要经过液氮研磨把动物组织分散成单个细胞，然后加入 DNA 提取液，利用提取液中的 SDS 与蛋白酶破坏细胞膜、核膜等释放出 DNA，同时 SDS 和蛋白酶能抑制细胞释放出的 DNase 的活性，防止 DNA 被 DNase 降解。接着加入 Tris 饱和酚与氯仿，使提取体系中的蛋白成分变性并形成沉淀，再通过离心把蛋白沉淀物去除，接着利用核酸不溶于乙醇，使用乙醇对核酸进行沉淀和漂洗，然后再通过加热把残留的乙醇去除获得纯化的 DNA。

　　　　　　　　　　　　单条线虫 DNA 提取方法比大量提取法简单，因为单条线虫中含有的抑制 PCR 反应的物质较少，对下游 PCR 反应的影响不大，可以不进行去除。所以在进行单条线虫 DNA 提取只需通过蛋白酶对细胞进行破碎释放 DNA 即可。当然，单条线虫的 DNA 通常只应用于线虫的分子鉴定。

【实验仪器、材料和试剂】

1. 仪器　　　　　　　　冷冻离心机、恒温水浴系统、烘箱、电泳系统、高温灭菌锅、微波炉、PCR 仪、酒精灯、显微镜、移液器、NanoDrop 微量紫外-可见光分光光度计。

2. 材料　　　　　　　　线虫、离心管、PCR 管、研磨棒、液氮、吸头。

3. 试剂　　　　　　　　大量线虫 DNA 提取液、次氯酸钠溶液、β-巯基乙醇、单条线虫 DNA 提取裂解液、灭菌 ddH$_2$O、Tris-EDTA 缓冲液（TE）、蛋白酶 K、乙醇、酚–氯仿、氯仿、Tris 饱和酚（pH 值 = 7.8）、3M NaAc（pH 值 = 5.2）、RNase A、10×r*Taq* DNA Polymerase buffer、ds2000 DNA 分子量标准、琼脂糖、0.5×TAE、goldview 核酸染料。

【实验步骤】

1. 大量线虫 DNA 提取

1）取 5 000~10 000 条新鲜收集的植物线虫，转入 1.5 mL 离心管，3 000~6 000rpm 离心 3~5 min 去掉多余水分；

2）加入 0.5% 的次氯酸钠溶液对线虫进行浸泡 0.5~1min，并用灭菌水漂洗 3 次；

3）把离心管投入液氮中，冰冻 30 s 后取出，用研磨棒把管内的线虫研磨成粉末，加入 700 μL 大量线虫 DNA 提取液，轻轻混匀；

4）50℃ 水浴至溶液澄清（一般需要 4~5 h）；

5）加入等体积 Tris 饱和酚，轻轻混匀，4℃ 12 000×*g* 离心 10 min，取上清液，转入 1.5 mL 管中；

6）加入等体积酚–氯仿，轻轻混匀，4℃ 12 000×*g* 离心 10 min，取上清液，转入 1.5 mL 管中；

7）加入等体积的氯仿，轻轻混匀，4℃ 12 000×*g* 离心 10 min，取上清液，转入 1.5 mL 管中；

8）加入 1/10 体积的 3 M NaAc 和 2.5 倍体积的 -20℃ 预冷无水乙醇，轻轻混匀，置于 -20℃ 冰箱中 1~2 h；

9）4℃ 12 000×*g* 离心 10 min 沉淀 DNA；

10）沉淀物用 75% 乙醇洗涤两次，待乙醇挥发完全后，加入适量 TE 溶液溶解沉淀物。并取少量 DNA 溶液进行电泳和浓度检测，高质量的 DNA 条带应该呈现单带，且没有拖带，OD$_{260}$/OD$_{280}$ = 1.7~1.9，说明 DNA 没有有机物、蛋白质等污染（图 1.1）。

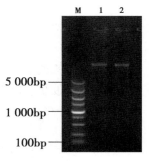

图 1.1　象耳豆根结线虫 DNA 琼脂糖电泳图

注：M 为 DS5000 DNA 分子量标准；泳道 1、2 为提取的象耳豆根结线虫 DNA

2. 单条线虫 DNA 提取

1）取 20 μL 单条线虫 DNA 提取裂解液，置于 200 μL PCR 管中；

2）在体视显微镜下用挑针挑取单条线虫，置于上述裂解液中；

3）立即把 PCR 管转移至液氮中 30~60 s，接着马上转移至预热的 PCR 仪中，按如下程序进行裂解：

$$65℃\ 60\ min,\ 95℃\ 10\ min,\ 20℃\ \infty$$

4）反应结束后即获得单条线虫的 DNA，立即用于 PCR 扩增或分装后保存于 -20℃。

【注意事项】

1）在提取过程中，由于基因组染色体较长，易发生机械断裂，因此分离基因组 DNA 时，操作应尽量温柔，如混匀过程要轻缓，以保证得到较完整的 DNA；

2）在 TE 溶液中加入终浓度为 10 μg/mL 的 RNase A 可以去除基因组中的 RNA；

3）大量线虫 DNA 提取完毕后，应取少量 DNA 进行电泳和浓度检测，确定是否含有 DNA，是否含有蛋白污染，DNA 带型是否整齐划一，$OD_{260}/OD_{280}=1.7~1.9$；

4）在提取单条线虫 DNA 时，要确保把线虫放进去裂解液中，操作时也可把其中的 2 μL 裂解液滴在 PCR 的管壁上，然后再把线虫置于该液滴中，并用新的 1 mL 注射器针头将线虫切断，快速离心至管底，可以提高提取的成功率；

5）配制单条线虫裂解液时，使用不含 Mg^{2+} 的 10×PCR buffer，提高提取 DNA 的稳定性；

6）单条线虫提取的 DNA 较容易降解，在提取完后尽快用于下一步实验，或分装成多份进行保存。

参考文献

Williamson V M, Caswell-Chen E P, Wu F F, et al. 1994. PCR for Nematode Identification［M］//Advances in Molecular Plant Nematology. Springer US：119-127.

Subbotin S A, Sturhan D, Chizhov V N, et al. 2006. Phylogenetic analysis of Tylenchida Thorne，1949 as inferred from D2 and D3 expansion fragments of the 28S rRNA gene sequences［J］.Nematology, 8（3）：455-474.

实验二　植物线虫分子鉴定方法

　　植物线虫虫体小，体长一般在 0.4~2 mm，一些重要的植物线虫属种间形态有覆盖，而种内却有变异，使得仅依据形态进行鉴定比较困难。随着分子生物学技术的发展，基于 DNA 的线虫鉴定技术得到迅速发展，分子生物学技术已成为植物线虫鉴定的一个有力工具。植物线虫分子鉴定的技术方法不少，比如基于多态性分析的一些分子标记方法：包括限制性片段长度多态性（RFLP）、随机扩增多态性（RAPD）和扩增片段长度多态性（AFLP）。另外像 PCR 后测序比对、利用特异性引物扩增、qPCR 和环介导等温扩增（LAMP）等技术是近年来应用较多的。这些技术多数是在 PCR 的基础上发展起来的。本实验介绍 PCR 扩增后直接测序比对的方法。

【实验目的】

了解植物线虫分子鉴定的测序比对方法和原理。

【实验原理】

植物线虫具有核糖体 DNA（rDNA）和线粒体 DNA（mtDNA），这些核苷酸通常在种内保守，而在种间有变异，且容易扩增。其中，rDNA 内转录间隔区（ITS）是使用最多的区段。另外，rDNA 中的 18S rRNA 基因和 28S rRNA 基因中的 D2D3 区、mtDNA 中的 *COI* 和 *COII* 基因也在植物线虫的分类鉴定中有较广泛的使用。在这些核苷酸区域中通常有多个保守区段，根据这些保守区可以设计出扩增植物线虫 rDNA 和 mtDNA 的通用引物，再通过分析这些序列的可变区差异，即可区分不同的植物线虫。目前，越来越多的植物线虫鉴定靶标序列被测定并储存在 GenBank 中，因此只要将序列放入基因数据库进行对比就有可能快速的鉴定所测定的植物线虫种属。

【实验仪器、材料和试剂】

1. 仪器

离心机、恒温水浴系统、电泳系统、高温灭菌锅、微波炉、PCR 仪、凝胶成像系统、全自动测序仪。

2. 材料

线虫、PCR 管、研磨棒。

3. 试剂

单条线虫 DNA 提取裂解液、灭菌水、蛋白酶 K、乙醇、Ex *Taq* 酶、PMD18-T 载体、氨苄青霉素、LB 平板。

【实验步骤】

1. 线虫 DNA 提取　　按实验一的步骤进行。

2. 扩增靶标序列

1）引物：

18S/26S 或 TW81/AB28 扩增 ITS-rDNA；D2A/D3B 扩增 28S-rDNA D2D3 区；G18SU/ R18Tyl1 或 988F/1912R 扩增 18S-rDNA 5′区；F/R 用于扩增 mtDNA 的 *COI* 基因片段；C2F3/1108 扩增 mtDNA 的 *COII* 和 *lRNA* 基因间的序列。

引物序列见表 2.1。

表 2.1　扩增植物线虫的常用通用引物

扩增的靶标区域	引物名	引物序列（5′-3′）	参考文献
18S-rDNA	G18SU	GCTTGTCTCAAAGATTAAGCC	Chizhov *et al.*（2006）
18S-rDNA	R18Tyl1	GGTCCAAGAATTTCACCTCTC	Chizhov *et al.*（2006）
18S-rDNA	988F	CTCAAAGATTAAGCCATGC	Holterman *et al.*（2006）
18S-rDNA	1912R	TTTACGGTCAGAACTAGGG	Holterman *et al.*（2006）
28S-rDNA	D2A	ACAAGTACCGTGAGGGAAAGTTG	De Ley *et al.*（1999）
28S-rDNA	D3B	TCGGAAGGAACCAGCTACTA	De Ley *et al.*（1999）
ITS-rDNA	18S	TTGATTACGTCCCTGCCCTTT	Vrain *et al.*（1992）
ITS-rDNA	26S	TTTCACTCGCCGTTACTAAGG	Vrain *et al.*（1992）
ITS-rDNA	TW81	GTTTCCGTAGGTGAACCTGC	Subbotin *et al.*（2000）
ITS-rDNA	AB28	ATATGCTTAAGTTCAGCGGGT	Subbotin *et al.*（2000）
mtDNA *COI*	COI F	GATTTTTTGGKCATCCWGARG	He *et al.*（2005）
mtDNA *COI*	COI R	CWACATAATAAGTATCATG	He *et al.*（2005）
mtDNA *COII/lRNA*	C2F3	GGTCAATGTTCAGAAATTTGTGG	Powers and Harris（1993）
mtDNA *COII/lRNA*	1108	AATTTCTAAAGACTTTTCTTAGT	Powers and Harris（1993）

2）PCR 扩增体系：

10×*Ex Taq* PCR 缓冲液	2.5 μL
dNTP（2.5 mM）	2 μL
10 μM 的上下游引物	各 0.5 μL
Ex Taq 酶（TAKARA）	0.125 μL
DNA 粗提液	2 μL
ddH₂O	补足至 25 μL

3）PCR 反应程序：

用引物 18S/26S、TW81/AB28 \ D2A/D3B 和 G18SU/R18Tyl1 的反应程序如下：

94℃ 3min, 94℃ 60s 55℃ 90s 72℃ 120s, 72℃ 5min
　　　　　　　＼＿＿＿＿＿＿＿＿＿＿＿＿＿／
　　　　　　　　　　　35 cycles

用引物 988F/1912R 的反应程序如下：

94℃ 5min, 94℃ 30s 45℃ 30s 72℃ 70s,　94℃ 30s 54℃ 30s 72℃ 70s, 72℃ 5min
　　　　　　＼＿＿＿＿＿＿＿＿＿＿＿／　　＼＿＿＿＿＿＿＿＿＿＿＿＿＿＿／
　　　　　　　　　5 cycles　　　　　　　　　　　35 cycles

用引物 COI F/COI R 的反应程序如下：

94℃ 10min, 94℃ 30s 45℃ 30s 72℃ 60s, 94℃ 30s 37℃ 30s 72℃ 60s, 72℃ 10min
　　　　　　＼＿＿＿＿＿＿＿＿＿＿＿／　＼＿＿＿＿＿＿＿＿＿＿＿／
　　　　　　　　　5 cycles　　　　　　　　　35 cycles

用引物 C2F3/1108 的反应程序如下：

94℃ 4min, 94℃ 60s 50℃ 60s 72℃ 120s, 72℃ 10min
　　　　　　＼＿＿＿＿＿＿＿＿＿＿＿＿＿／
　　　　　　　　　35 cycles

4）克隆及测序：扩增产物按常规方法纯化后连接到 PMD18-T 载体上，然后转化到 DH5α 感受态内，用含氨苄青霉素的 LB 平板筛选阳性克隆，经 PCR 验证，扩繁后提取质粒，最后在全自动测序仪上测定序列。

5）登录 GenBank（https：//www.ncbi.nlm.nih.gov/），点击 BLAST，再点击 Nucleotide BLAST，选择 blastn，输入所获得的序列进行 BLAST 比对，根据获得的 BLAST 结果进一步进行分析。

【注意事项】

1）尽量将 PCR 产物进行转化克隆测序，尤其长于 600 bp 的产物。

2）序列进行 BLAST 时，要寻找到序列两端的引物，再将 5′端引物的上游序列及 3′端引物的下游序列删除。

3）不同的序列在不同的线虫类群中变异程度可能有差别，需要在研究足够多序列的前提下，了解清楚序列的种内变异及种间变异的范围，才能更好地选择合适的鉴定靶标及根据序列的相似性进行种属的判断。

4）文中所列的引物可能无法扩增某些植物线虫，因此需要寻找另外的引物。

5）不是所有的植物线虫均有分子数据储存在 GenBank 中，因此如果 BLAST 不到同源序列时，并不代表该线虫是新种。

参考文献

卓侃，廖金铃. 2015. 植物线虫分子鉴定研究进展［J］. 植物保护，41（6）：1-8.

Chizhov V N, Chumakova O A, Subbotin S A, *et al.*2006. Morphological and molecular characterization of foliar nematodes of the genus *Aphelenchoides*：*A. fragariae* and *A. ritzermabosi*（Nematoda：Aphelenchoididae）from the Main Botanical Garden of the Russian Academy of Sciences［J］. Russian Journal of Nematology, 14（2）：179-184.

De Ley P, Felix M A, Frisse L M, *et al.* 1999. Molecular and morphological characterisation of two reproductively isolated species with mirror–image anatomy（Nematoda：Cephalobidae）［J］. Nematology, 1（6）：591-612.

He Y, Jones J, Armstrong M, *et al.* 2005. The mitochondrial genome of *Xiphinema americanum* sensu stricto（Nematoda：Enoplea）：considerable economization in the length and structural features of encoded genes［J］. Journal of Molecular Evolution, 61（6）：819-833.

Holterman M, van der Wurff A, van den Elsen S, *et al.* 2006. Phylum–wide analysis of SSU rDNA reveals deep phylogenetic relationships among nematodes and accelerated evolution toward crown clades［J］. Molecular Biology and Evolution, 23（9）：1792-1800.

Powers T O, Harris T S. 1993. A polymerase chain reaction method for identification of five major *Meloidogyne* species［J］.Journal of Nematology, 25：1-6.

Subbotin S A, Waeyenberge L, Moens M. 2000. Identification of cyst forming nematodes of the genus *Heterodera*（Nematoda：Heteroderidae）based on the ribosomal DNA-RFLPs［J］.Nematology, 2：153-164.

Vrain T C, Wakarchuk D A, Levesque A C, *et al.* 1992. Intraspecific rDNA restriction fragment length polymorphism in the *Xiphinema americanum* group［J］.Fundamental and Applied Nematology, 15（6）：563-573.

实验三　植物线虫 RNA 提取

　　RNA 提取和纯化是 mRNA 分离、cDNA 合成、RT-PCR、基因表达分析和文库构建等实验的前提。RNA 的提取主要步骤有：①样品细胞或组织的有效破碎；②有效地使核蛋白复合体变性；③抑制 RNase 的活性；④将 RNA 从 DNA 和蛋白混合物中分离。其中最关键的是抑制 RNase 的活性。本章主要介绍大量植物线虫总 RNA、微量植物线虫总 RNA 的提取方法。

【实验目的】

　　了解 Trizol 提取总 RNA、试剂盒提取微量总 RNA 的实验方法。

【实验原理】

　　通过在液氮环境下研磨破碎线虫组织，并通过低温抑制 RNA 酶的活性，然后加入强变性剂破坏细胞膜和抑制 RNA 酶的活性。经过氯仿等有机溶剂抽提去除提取体系内有机成分，如苯酚，再经过异丙醇沉淀，75% 乙醇洗涤，晾干，最后溶解。然而由于 RNA 酶不容易被常规方法去除，在提取过程中 RNA 随时可能被降解，因此实验中需要注意避免 RNA 酶的污染。

【实验仪器、材料和试剂】

1. 仪器

　　低温离心机、电泳系统、高温灭菌锅、微波炉、PCR 仪、酒精灯、冰箱、研钵、移液器、凝胶成像系统、电子天平、超净工作台、NanoDrop 微量紫外-可见光分光光度计。

2. 材料

　　线虫、RNase-free 离心管、研磨棒、PCR 管、吸头。

3. 试剂

　　Trizol、RNase-free 水、乙醇、异丙醇、氯仿、DNase Ⅰ、β-巯基乙醇、蛋白酶 K（10 mg/mL）、琼脂糖、0.5×TAE、goldview 核酸染料、RNAprep pure Micro Kit、PrimeScript™ II 1st Strand cDNA Synthesis Kit、THUNDERBIRD qPCR Mix。

【实验步骤】

1. Trizol 提取大量线虫总 RNA

　　1）将 5 000~10 000 条新鲜的收取的植物线虫，转入 RNase-free 1.5 mL 离心管，用 RNase-free 水清洗两次；

2）把离心管投入液氮中，冰冻 30 s 后取出，用研磨棒把管内的线虫研磨成粉末，加入 1 mL Trizol，置于振荡器上剧烈振荡 15 min；

3）加入 400 μL 氯仿，剧烈振荡后，4℃ 12 000×g 离心 10min，取 400 μL 上清液并转移至新的 RNase-free 1.5 mL 离心管中；

4）加入 2.5 倍体积的 −20℃ 预冷的异丙醇，混匀，4℃ 12 000×g 离心 20 min，去上清液；

5）加入 1 mL 预冷的 75% 乙醇进行洗涤两次；

6）离心去除 75% 乙醇，把 1.5 mL 离心管置于超净工作台晾干；

7）加入 20 μL 的 RNase-free 水溶解 RNA，并取少量 RNA 溶液进行电泳和浓度检测，高质量的总 RNA 应该符合 28S、18S 和 5.8S 均有出现，各条带间没有拖带，28S 条带亮度为 18S 条带亮度的 1~2 倍，且 $OD_{260}/OD_{280}=1.8~2.0$，表明 RNA 的完整性较好，没有明显降解，也没有出现蛋白污染（图 3.1）。

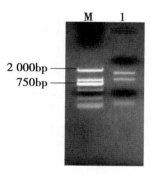

图 3.1 总 RNA 琼脂糖电泳图

注：M 为 DS2000 DNA 分子量标准；1 为提取的 RNA

2. 试剂盒提取微量总 RNA

本实验使用天根微量样品总 RNA 提取试剂盒进行提取。

1）按下列比例配制提取缓冲液，吸取其中 150 μL 置于 RNase-free 1.5mL 离心管中，并置于冰上；

提取缓冲液 RL	500 μL
β-巯基乙醇	5 μL
蛋白酶 K	5 μL

2）取 10~100 条线虫，置于上述预冷的提取缓冲液中，用研磨棒进行研磨，研磨完后用剩余的 350 μL 提取缓冲液冲洗研磨棒，冲洗后的缓冲液收集到上述的 1.5 mL 离心管中；

3）将离心管置于振荡器上振荡 15 min，然后 4℃ 12 000×g 离心 5 min，取上清液转移到新的 RNase-free 1.5 mL 离心管中；

4）加入 500 μL −20℃ 预冷的无水乙醇，混匀后，转移至吸附柱 CR1 上，12 000×*g* 离心 1 min；

5) 向吸附柱 CR1 中加入 700 μL 去蛋白液 RW1，12 000×*g* 离心 1 min；

6) 向吸附柱 CR1 中加入 600 μL 漂洗液 RW（使用前需先检查是否已加入乙醇），室温静置 2 min，12 000×*g* 离心 1 min；

7) 重复步骤 6 一次；

8) 12 000×*g* 离心 2 min，把吸附柱 CR1 转移至新的 1.5 mL 离心管中，置于 40℃ 条件下晾干（2~5 min）；

9) 向吸附膜中央加入 20 μL 40℃ 预热的 RNase-free 水，静置 2~5 min，12 000×*g* 离心 2 min 收集滤液，并取少量 RNA 溶液进行用 NanoDrop 微量紫外-可见光分光光度计进行浓度和质量检测。

【注意事项】

1) RNA 酶的污染是导致 RNA 提取失败的主要原因，因此在提取过程中要严格防止 RNA 酶对样品的污染，要做到以下几点：①操作环境干净无灰尘，戴手套和口罩；②实验中的所用用品和试剂，如离心管，枪头等要经过 DEPC 处理或购买无 RNA 酶的产品，实验台面等要用去 RNA 酶的试剂进行擦拭；③实验所涉及的试剂/溶液，尤其是水，必须确保 RNase-Free；④要低温操作避免内源 RNA 酶对 RNA 的降解；⑤注意样品量不能超过提取缓冲液的最大提取量，否则会影响提取效果；

2) 在 RNA 提取加入氯仿离心后，需吸取上清液，在吸取上清液时不能吸取过多，一般按照加入每毫升 Trizol 吸取 400 μL 上清液的比例进行吸取，过多的吸取上清液会使提取的总 RNA 污染较多的蛋白质和 DNA，并降低提取的质量；

3) 进行微量 RNA 提取时，由于线虫样品直接置于提取液中，因此，只能直接用研磨棒进行研磨，不能液氮冷冻后再进行研磨。

参考文献

扈丽丽，卓侃，林柏荣，等 . 2016. 植物寄生线虫效应蛋白功能分析方法的研究进展［J］. 中国生物工程杂志，36（2）：101-108.

实验四　植物线虫基因的龄期表达分析

植物寄生线虫蛋白在线虫不同发育阶段发挥不同作用，因此编码蛋白的基因在线虫不同发育阶段其表达量也有所差异，根据特定基因在不同发育阶段的表达模式，可以推测其在线虫寄生过程中的作用，也是研究效应蛋白功能的基础，这种研究某个基因在线虫不同发育阶段的表达模式的研究方法我们称为线虫基因的龄期表达分析。本实验主要介绍植物线虫基因龄期表达分析的实验方法。

【实验目的】　　　　　　　　了解 cDNA 合成方法和基因龄期表达分析的实验方法和原理。

【实验原理】　　　　　　　　基因表达是指基因经过转录、翻译，产生具有特异生物学功能的蛋白分子或 RNA 分子的过程。真核生物基因表达调控最显著的特征是能在特定时间或特定的细胞中激活特定的基因，从而实现"预定"的，有序的，不可逆的分化和发育过程，并使生物的组织和器官在一定的环境条件范围内保持正常的生理功能。转录水平调控是大多数真核生物基因表达调控的形式，因此，研究某一个植物线虫基因在线虫不同发育阶段 mRNA 表达量变化是研究该基因功能的重要内容。

进行相关研究时，先提取 RNA，以 oligo dT 作为引物，利用反转录酶合成 cDNA。再以 cDNA 为模板，由于每个基因的 Ct 值与该基因的起始拷贝数的对数存在线性关系，即可从基因的 Ct 值计算出该样品的起始拷贝数。因此，可以通过实时定量 PCR 方法研究某一基因在线虫不同发育阶段 mRNA 的相对含量，获得该基因在不同龄期的表达变化模式。

【实验仪器、
材料和试剂】

1. 仪器　　　　　　　　电泳系统、高温灭菌锅、微波炉、PCR 仪、酒精灯、冰箱、研钵、移液器、TP810 荧光定量 PCR 系统、凝胶成像系统、电子天平、超净工作台、桌面离心机。

2. 材料　　　　　　　　RNase-free 离心管、RNase-free PCR 管、吸头。

3. 试剂　　　　　　　　RNase-free 水、DNase Ⅰ、琼脂糖、0.5×TAE、goldview 核酸染料、PrimeScript™ II 1st Strand cDNA Synthesis Kit、THUNDERBIRD qPCR Mix。

【实验步骤】

1. cDNA 合成

1）在反转录前先用 DNase I 处理以去除 RNA 中的 DNA，按以下体系配制：

DNase I	1 μL
RNA	100 ng~1 μg
RNase-free H$_2$O	To 10 μL

按以下程序进行反应：

37℃ 10 min，65℃ 5 min

2）反应结束后，马上把 PCR 管置于冰上；

3）按如下比例配制反应体系：

Oligo d（T）$_{20}$	1 μL
上述 RNA 溶液	5 μL
5×PrimeScript II Buffer	4 μL
dNTP Mix（10 mM）	1 μL
RNase Inhibitor	0.5 μL
PrimeScript II RTase（200 U/μl）	1 μL
RNase-free H$_2$O	7.5 μL

4）混匀，按以下程序进行反应：

42℃ 60 min，50℃ 20 min

5）反应结束后即获得 cDNA，立即用于下一步实验或保存于-20℃。

2. 龄期表达分析

1）取植物组织，用 RNase-free 水冲洗干净，在体视镜下挑取龄期合适的线虫，置于预冷的提取缓冲液中，然后按提取微量总 RNA 中所述方法进行提取，并合成 cDNA；

2）然后配制反应体系进行定量 PCR 反应：

2×SYBR Green PCR Master Mix	10 μL
引物 F（10 μM）	0.5 μL
引物 R（10 μM）	0.5 μL
cDNA	1 μL
ddH$_2$O	8 μL

3）按以下程序进行反应：

95℃ 15s，95℃ 10s X^a℃ 30s，熔解曲线分析或95℃ 15s，95℃ 10s X^b℃ 30s 72℃ 30s，熔解曲线分析

40 cycles   40 cycles

注：a. 退火温度为引物 Tm-5℃，退火温度在 60~72℃时采该程序；

b. 退火温度为引物 Tm-5℃，退火温度在低于 60℃时采用该程序。

　　4）反应完毕后，对熔解曲线进行分析，如熔解曲线表明反应特异性符合要求（图 4.1），则使用 $2^{-\Delta\Delta CT}$ 法对各个龄期的表达量进行计算，把该基因表达量最低的龄期作为表达量基准即表达量最低的龄期该基因的表达量定义为 1。

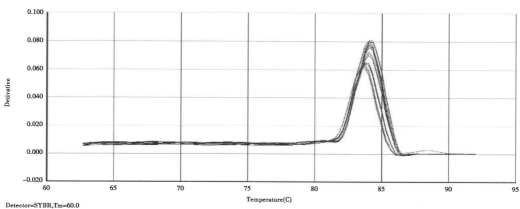

图 4.1　熔解曲线

　　注：通过熔解曲线分析扩增产物特异性，单峰说明扩增产物特异性好，出现杂峰特异性差，存在非特异性扩增，如引物二聚体。因为 SYBY Green 染料是非特异的染料，只要有扩增，染料就可以镶嵌在双链中发出荧光，所以使用 SYBR Green 作为荧光染料的时候需要对产物特异性进行分析。

【注意事项】

　　1）提取 RNA 时残留的酒精会抑制反转录酶的活性；

　　2）反转录时的操作与提取 RNA 时类似，都要避免 RNA 酶对样品的污染；

　　3）合成第一链 cDNA 后，应使用内参基因跨内含子的引物进行检测，确定 cDNA 是否成功合成；

　　4）设计特异引物时，需要考虑提取的 RNA 中可能存在基因组 DNA 的污染，因此，在引物设计时让两个引物至少跨一个内含子，这样基因组污染所造成的扩增可以区别出来，或因为片段过大而不能扩增；

　　5）使用 SYBR Green 作为染料时，扩增产物片段大小最好在 100~250 bp 之间，扩增片段过大会影响 PCR 扩增的效率，过小则很难通过熔解曲线与引物二聚体分开。

参考文献

扈丽丽，卓侃，林柏荣，等 . 2016. 植物寄生线虫效应蛋白功能分析方法的研究进展 [J].中国生物工程杂志，36（2）：101-108.

欧阳松应，杨冬，欧阳红生，等 . 2004. 实时荧光定量 PCR 技术及其应用［J］.生命的化学，24（1）：74-76.

Livak K J, Schmittgen T D. 2010. Analysis of relative gene expression data using real-time quantitative PCR and the $2^{-\Delta\Delta Ct}$ Method［J］. Methods，25（4）：402-408.

实验五　RNA 沉默

RNA 沉默，又称 RNA 干扰（RNAi，RNA interference）是指外源或内源的双链 RNA（dsRNA）特异性地引起基因表达沉默的现象。这种现象是生物为保护自身基因组免受外源（如病毒）和内源序列的影响，而特异性调节或干扰基因表达的一种自身防御免疫应答现象。

【实验目的】　　　　　　　　了解 RNAi 原理和如何通过 RNAi 沉默植物线虫的基因。

【实验原理】　　　　　　　　由于植物寄生线虫属于专性寄生线虫，不能在人工培养基上生长，因此无法通过正向遗传学和转基因的方法研究植物线虫基因的功能。RNAi 作为一种反向遗传学技术，为研究植物线虫功能基因提供极大的便利。

RNAi 技术最初在秀丽隐杆线虫（*Caenorhabditis elegans*）中发现和建立，该技术可以使某个特定的基因沉默。目前该方法已经成功地应用在多种不同植物线虫的基因功能研究上。按 dsRNA 的来源 RNAi 可以分为 *in planta* RNAi 和 *in vitro* RNAi 两种类型。其中 *in planta* RNAi 又包含了病毒介导的 RNAi，即 Virus Induced Gene Silence（VIGS）和通过建立转基因植株产生 dsRNA 的 RNAi 两种类型。

在 VIGS 实验中，主要使用经过基因改造的烟草脆裂病毒（Tobacco Rattle Virus，TRV）作为骨架，TRV 是正单链 RNA 病毒，呈直杆状，由 2 种粒体组成。Ratciff 等构建了 TRV 的 RNA1 与 RNA2 的双元表达载体-pBINTRA6（TRV1）与 pTV00（TRV2）。TRV1 质粒主要表达病毒的 RNA 依赖的 RNA 聚合酶（RNA-dependent RNA polymerase，RDRP）和移动蛋白（Movement Protein，Mp）等蛋白，TRV2 载体主要表达病毒的衣壳蛋白（Coating Protein，CP）和外源插入的核酸片段（即产生 dsRNA 的靶标片段）。实验时先把靶标片段插入 TRV2 载体的多克隆位点中，再通过农杆菌介导表达的方法，在植物中同时表达 TRV1 和 TRV2 载体。病毒在复制过程中即会产生 dsRNA，在植物体内降解为 siRNA，然后被线虫吸收并沉默特定的线虫基因（图 5.1）。

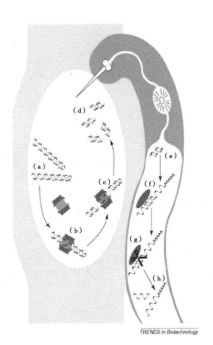

（a）待研究的线虫靶基因的dsRNA；（b）植物内源的Dicer酶对 dsRNA进行加工产生small interfering (si)RNA；（c）线虫在取食植物细胞时会同时摄入细胞内的siRNA（d）；（e）被线虫摄取的dsRNA或siRNA；（f）siRNA被RISC复合体识别，解开为正义和反义单链，接着RISC复合体装载反义单链并与靶mRNA结合；（g-h）靶mRNA被特异剪切并降解

图 5.1 *in planta* RNAi 的作用机理

注：引自 Gheysen and Vanholme, 2007

在通过建立转基因植株产生 dsRNA 的 RNAi 实验中，将含有线虫靶标基因正反向片段的植物表达载体，转化进植物。该载体可表达出 dsRNA，该 dsRNA 经过植物加工形成 siRNA 再被线虫吸收到体内沉默靶基因。

在进行 *in vivo* RNAi 时，通过 PCR 方法把 T7 或 SP6 启动子链接在目标片段的 5′ 端，再通过体外转录分别合成正反义链的 RNA，接着通过变性和退火合成 dsRNA，再用浸泡的方法把该 dsRNA 导入到植物线虫体内沉默相应的基因。

【实验仪器、材料和试剂】

1. 仪器

低温离心机、电泳系统、高温灭菌锅、微波炉、PCR 仪、酒精灯、冰箱、研钵、移液器、TP810 荧光定量 PCR 系统、凝胶成像系统、电子天平、超净工作台、人工气候箱。

2. 材料

线虫、RNase-free 离心管、研磨棒、番茄（*Lycopersicon esculentum*）、烟草（*Nicotiana benthamiana*）、pMin 载体、pCambia 1300 载体、TRV1 载体、TRV2 载体、农杆菌 EHA105。

3. 试剂

Trizol、RNase-free 水、无水乙醇、异丙醇、氯仿、DNase Ⅰ、ScriptMAXTM Thermo T7 Transcription Kit、r*Taq* DNA 聚合酶、氨苄青霉素、硫酸卡那霉素、利福平、MES 溶液（10 mM，pH 值＝5.6）、乙酰丁香酮溶液（AS，100 mM）、M9 buffer、章鱼胺（100 mM）、8 M LiCl、THUNDERBIRD SYBR qPCR Mix 试剂盒、RNAprep Micro Kit 试剂盒、KOD－Plus－Neo、*Xba*I、*Sac*I、*Sph* I、*Kpn* I、*Pst* I。

【实验步骤】

1. *In vitro* RNAi

以沉默爪哇根结线虫 *A* 基因为例。

1）通过以下引物以 PCR 方法把 T7 启动子分别链接在 *A* 基因的正义链和反义链 5′端：

T7primerF：

*GGATCCTAATACGACTCACTATAGGG*primerF

primerAR

T7primerR：

*GGATCCTAATACGACTCACTATAGGG*primerR

primerAF

斜体序列为 T7 启动子序列，primerAF 和 primerAR 分别表示对应靶基因的上下游引物。

按以下体系进行反应：

正义链 DNA 模板

10 ×PCR buffer for KOD-plus-Neo	5 μL
dNTPs（2 mM）	5 μL
MgSO$_4$（25 mM）	3 μL
T7primerF（10 μM）	1.5 μL
primerR（10 μM）	1.5 μL
KOD-Plus-Neo	1 μL
模板	1 μL
ddH$_2$O	32 μL

反义链 DNA 模板

10 ×PCR buffer for KOD-plus-Neo	5 μL
dNTPs（2 mM）	5 μL
MgSO$_4$（25 mM）	3 μL
T7primerR（10 μM）	1.5 μL
primerF（10 μM）	1.5 μL
KOD-Plus-Neo	1 μL

模板	1 μL
ddH$_2$O	32 μL

正反义片段在不同 PCR 管中进行合成，按以下 PCR 反应程序进行反应，合成 PCR 产物进行切胶纯化；

95℃ 3min，95℃ 10s X^a℃ 30s 68℃ 1min，20℃ ∞

⎣_____⎦
30 cycles

注：a. 退火温度为引物 Tm 值-5℃

2）使用 ScriptMAX™ Thermo T7 Transcription Kit 分别合成对应的单链 RNA，按以下体系进行合成：

10×Basal reaction buffer	2 μL
5×Accelerator solution	4 μL
25mM rNTPs mixture	4.5 μL
RNase Inhibitor	0.5 μL
正义链/反义链 DNA 模板	100 ng~1 μg
Thermo T7 RNA polymerase	1 μL
RNase-free H$_2$O	Up to 20 μL

3）在 PCR 仪中 40℃反应 3h；

4）反应结束后将各个基因的正义链 RNA 和反义链 RNA 用移液器混合到一个 RNase-free PCR 管中，加入 10U DNase I，37℃温育 15min，65℃变性 5min，自然冷却到室温，电泳检测产物，剩下的进行 dsRNA 纯化；

5）加入 1/10 体积的 8M 氯化锂，2 倍体积的无水乙醇，充分混匀后，-20℃放置过夜；

6）4℃12 000×g 离心 10 min，弃上清液；

7）加入 300~500 μL 预冷的 70%无水乙醇洗涤沉淀，4℃ 12 000×g 离心 10 min，弃上清液；

8）重复 7）操作一次；

9）37℃放置数分钟烘干酒精；

10）加入 20 μL RNase-free H$_2$O（或 M9 buffer）溶解沉淀获得纯化的 dsRNA，立即使用或保存于-80℃备用。

11）收集新鲜获得的植物线虫，置于 RNase-free 的 1.5 mL 离心管中，用 RNase-free H$_2$O 清洗三次；

12）加入步骤 10）获得的 dsRNA 溶液，dsRNA 溶液终浓度为 2 μg/μL，置于 25℃的培养箱里孵育 4 h，期间不断摇动离心管。浸泡处理需包含三组样品，第一组加入 A 基因的 dsRNA 进行浸泡，第二组加入 eGFP 的 dsRNA 进行浸泡作为对照，第三组使用不含任何 dsRNA 的 RNase-free H$_2$O（或 M9 buffer）进行浸泡作为对照；

13）浸泡结束后用 RNase-free H_2O 清洗 3 次；

14）加入 200 μL RNase-free H_2O 复苏线虫，把每个处理的线虫分为 3 份，一份用于统计死亡率，一份用于 RT-qPCR 检测线虫体内 *A* 基因表达量的变化，最后一份用于接种培养了 1 个月的番茄植株上统计寄生能力的变化。

2. TRV 介导的 RNAi

以沉默植物线虫 *A* 基因为例：

1）使用以下引物：AFXba：*cgagctcg* XXXXX，ARSac：*ctagtctaga* YYYYY（引物中小写斜体部分是 *Xba* I 或 *Sac* I 酶切位点，XXXXX 和 YYYYY 分别表示扩增靶标基因的特异引物的序列），通过 PCR 扩增靶标片段，经过 *Xba* I 和 *Sac* I 双酶切后，连接到经过相同内切酶酶切的 TRV2 载体中，经过测序验证正确后转化到农杆菌 EHA105 中；

2）分别培养含有 TRV1、TRV2 和 TRV2-A 载体的农杆菌至 $OD_{600} = 1.0 \sim 1.5$；

3）离心收集菌体，用 MES 溶液洗涤菌体 3 次，最后用 MES 溶液把每个农杆菌定容至 $OD_{600} = 1.0$；

4）把含有 TRV1 和 TRV2 载体的农杆菌或含有 TRV1 和 TRV2-A 载体的农杆菌等体积混合，再加入终浓度为 100 μM 的 AS，混匀，28℃孵育 4~8 h；

5）取苗龄为 14 d 的番茄苗，轻轻把土壤拨开至露出根部，用 1 mL 注射器的针头在根上刺出些伤口；

6）取 5 mL 上述混合液浇灌在根部，然后再用土把根部覆盖着；

7）把处理完后的番茄苗置于 28℃培养箱黑暗培养 24 h 后，按 16 h 光照/8 h 黑暗的光照条件进行培养；

8）7 d 后，重复第 2）至第 7）步一次；

9）14 d 后，取新长出的叶片进行 RNA 提取，然后反转录合成 cDNA；

10）使用扩增 cp 蛋白基因的引物（TRVcpF：CTGGGTTAC-TAGCGGCACTGAATA，

TRVcpR：TCCACCAAACTTAATCCCGAATAC）检测病毒是否有成功侵染；

11）21 d 后，把 200 条新鲜孵化的线虫接种至成功表达 TRV 病毒的植株根部；

12）接种线虫 5 d 后，用解剖针从植株根部重新分离出线虫提取 RNA，并进行 RT-PCR 反应（或 RT-qPCR），检测靶标基因沉默效率；

13）30 d 后，取番茄根部，用次氯酸钠-酸性品红染色法进行染色，统计根部线虫数量。

3. 利用转基因植株产生的 dsRNA 沉默靶标基因

1) 以沉默植物线虫 *A* 基因为例，实验中使用的植物表达载体 pCambia 1300，需要先把片段克隆进中间载体 pMin 中再克隆至 pCambia 1300 中才能构建完整的 RNAi 载体；

2) 使用以下引物：①AFsph：aattaa**gcatgc** XXXXX（引物中小写正体部分为保护碱基，小写斜体部分是 Sph I 酶切位点，XXXXX 表示扩增靶标基因的特异引物的序列）；②ARkpn：aattaa**ggtacc** YYYYY（引物中小写正体部分为保护碱基，小写斜体部分是 Kpn I 酶切位点，YYYYY 表示扩增靶标基因的特异引物的序列）。

通过 PCR 扩增 *A* 基因的靶标片段：

3) 反应完后，使用 *Sph* I 和 *Kpn* I 进行双酶切，切胶回收后连接到经过相同内切酶酶切的 pMin 载体（图 5.2）中；

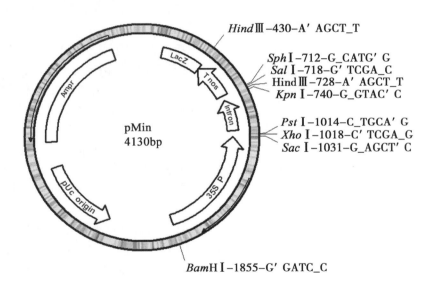

图 5.2　pMin 载体图谱

4) 测序验证后，提取该质粒，使用 *Pst* I 和 *Sac* I 进行双酶切，回收酶切片段；

5) 反应完后，使用 *Pst* I 和 *Sac* I 进行双酶切，切胶回收后连接到步骤 4) 获得的酶切载体中；

6) 测序验证后，即获得了 pMin+A 的 RNAi 中间载体（图 5.3）；

7) 使用 *Bam*H I 和 *Hind* III 对 pMin+A 质粒进行双酶切，然后连接至经过同样内切酶酶切后的 pCambia 1300 载体中；

8) 经过测序、酶切验证后获得 pCambia- pMin+A 质粒，然后把该质粒转化至农杆菌 EHA105 中；

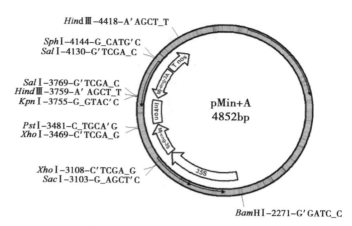

图 5.3　pMin+A 的 RNAi 中间载体

9）通过农杆菌介导的转化法该质粒转化至烟草中，经过筛选、继代、生根培养获得转化的烟草苗；

10）按正常条件培养烟草苗至收获 T_1 种子，接着培养 T_1 代的烟草苗；

11）把 200 条新孵化的爪哇根结线虫接种至 T_1 代的烟草苗（经过 PCR 检测为转基因阳性）中；

12）2 d 后，在体视镜下从植物根中重新把根结线虫取出，按实验二中微量 RNA 提取中所述的方法提取 RNA，接着进行 RT-qPCR 检测靶标基因表达变化（图 5.4）；

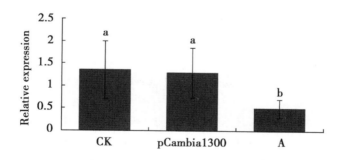

图 5.4　RT-qPCR 检测 A 基因的沉默效率

注：Relative expression 表示按照 $2^{-\Delta\Delta Ct}$ 法计算的相对表达量；CK 代表从野生型烟草中分离的根结线虫 A 基因的相对表达量；pCambia 1300 代表从表达 pCambia1300 空载体烟草中分离的根结线虫 A 基因的相对表达量；A 代表从表达沉默 A 基因的载体的烟草中分离的根结线虫 A 基因的相对表达量

13）在接种线虫后 14 d 和 35 d（统计时间点可以根据不同基因对线虫侵染力的影响进行改变），取植物根用次氯酸钠-酸性品红染色法进行染色，统计根部线虫数量（图 5.5）。

【注意事项】

1）进行 in vitro RNAi 实验时，在浸泡的 M9 buffer 中加入终

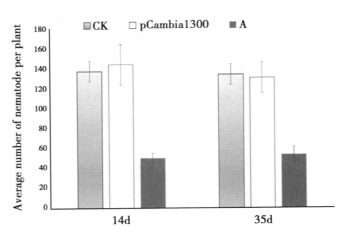

图 5.5 *in planta* RNAi 转基因烟草对爪哇根结线虫侵染力的影响

注：Average number of nematode per plant 表示从每株植物根上分离到的线虫数量

浓度为 10 mM 的章鱼胺或 1% 间苯二酚可以提高线虫对 dsRNA 的吸收效率；

2）刚浸泡完的线虫可能会呈现僵直状态，需要把线虫转移至 RNase-free H_2O 复苏 4~8 h 再进行形态学观察；

3）在进行 VIGS 实验时，植物的苗龄会影响病毒的侵染效率，因此应该选用苗龄在 14 ~30 d 的幼苗进行病毒侵染；

4）在使用灌根法接种病毒时，用针在根上刺出少量伤口可以提高病毒的侵染效率；

5）TRV 病毒在老叶中的表达效率较低，因此检测病毒是否侵染成功时，需要取新长出来的叶片进行检测；

6）构建相应载体时使用的内切酶应该根据插入片段和载体上的多克隆位点进行选择。

参考文献

Chen H, Nelson R S, Sherwood J L. 1994. Enhanced recovery of transformants of Agrobacterium tumefaciens after freeze-thaw transformation and drug selection [J]. Biotechniques, 16（4）：664-670.

Dubreuil G, Magliano M, Dubrana M P, *et al.* 2009. Tobacco rattle virus mediates gene silencing in a plant parasitic root-knot nematode [J]. Journal of Experimental Botany, 60（14）：4041-4050.

Gheysen G, Vanholme B. 2007. RNAi from plants to nematodes [J]. Trends in Biotechnology, 25（3）：89-92.

Horsch R B. A simple and general method for transferring genes into plants［J］.Science，227（4691）：1229-1231.

Hu L, Cui R, Sun L, *et al.* 2013. Molecular and biochemical charac-
terization of the β-1，4-endoglucanase gene Mj-eng-3 in the
root-knot nematode *Meloidogyne javanica*［J］.Experimental Para-
sitology，135（1）：15-23.

Huang G, Allen R, Davis E L, *et al.* 2006. Engineering Broad Root-
Knot Resistance in Transgenic Plants by RNAi Silencing of a Con-
served and Essential Root-Knot Nematode Parasitism Gene［J］.
Proceedings of the National Academy of Sciences of the United
States of America，103（39）：14302-14306.

Lin B, Zhuo K, Wu P, *et al.* 2013. A novel effector protein，MJ-
NULG1a，targeted to giant cell nuclei plays a role in *Meloidogyne
javanica parasitism*［J］.Molecular Plant-microbe Interactions，26
（1）：55-66.

Livak K J, Schmittgen T D. 2001. Analysis of relative gene expression
data using real-time quantitative PCR and the 2-ΔΔCt Method
［J］.Methods，25（4）：402-408.

Rosso M N, Dubrana M P, Cimbolini N, *et al.* 2005. Application of
RNA interference to root-knot nematode genes encoding
esophageal gland proteins［J］.Molecular Plant-Microbe Interac-
tions，18（7）：615-620.

Ryu C M, Anand A, Kang L, *et al.* 2004. Agrodrench：a novel and
effective agroinoculation method for virus-induced gene silencing
in roots and diverse Solanaceous species［J］.Plant Journal，40
（2）：322-331.

实验六　植物线虫基因的原位杂交研究方法

明确蛋白在植物线虫中组织定位是研究该基因功能的重要内容，可通过原位杂交和蛋白免疫定位技术进行研究。本实验主要介绍原位杂交实验的研究方法。

【实验目的】　了解原位杂交的原理和原位杂交技术的实验方法。

【实验原理】　原位杂交技术的基本原理是根据核酸分子碱基互补配对的原则，将放射性标记（如^{35}P）或非放射性标记（地高辛或生物素）的外源核酸（探针）与经过变性后的单链 RNA（或 DNA）互补配对，结合成专一的核酸杂交分子，再经一定的检测手段将待测核酸在细胞、组织或染色体上的位置显示出来的一项技术。该技术最早使用的放射性标记探针，利用放射自显影技术进行检测，但是由于放射性探针的安全问题、半衰期、信号统计等限制了此项技术的广泛应用，后来逐渐发展出了非放射性标记探针原位杂交技术，如使用荧光物质、地高辛或生物素等进行标记。

【实验仪器、材料和试剂】

1. 仪器　离心机、恒温摇床、恒温培养箱、恒温水浴系统、烘箱、电泳系统、高温灭菌锅、微波炉、PCR 仪、酒精灯、显微镜。

2. 材料　线虫、离心管、手术刀刀片、载玻片、盖玻片。

3. 试剂　地高辛标记的 dNTP Mix、4%多聚甲醛、甲醇、丙酮、20×SSC、PBS 溶液、10% SDS、10×Blocking Solution、AP 标记的地高辛抗体、马来酸溶液、杂交液、蛋白酶 K（10 mg/mL）、r*Taq* PCR 聚合酶、AP 缓冲液、NBT、BCIP、DL2000 DNA 分子量标准、DEPC。

【实验步骤】

1. 探针合成　1）利用引物对 primerF/primerR 通过常规 PCR 扩增约 200 bp 的片段作为探针模板；

2）切胶纯化后，加入适量 ddH$_2$O 定容至浓度≥400 ng/μL；

3）通过单引物 PCR 方法合成正义或反义单链 DNA 探针，按以下体系配制：

10×PCR buffer	3 μL
地高辛标记 dNTP Mix	3 μL
primerF 或 primerR 引物	1.5 μL（100 μM）
模板	2 μg
r*Taq*	0.6 μL
ddH$_2$O	To 30 μL

按以下程序进行反应：

94℃ 30s，94℃ 15s X^a℃ 30s 72℃ 30s，72℃ 5min

35 cycles

注：a. 引物 Tm-5℃

4）反应完毕后进行电泳检测探针是否标记成功，被地高辛标记核酸的迁移速度会比没有标记的核酸要慢（图 6.1）；

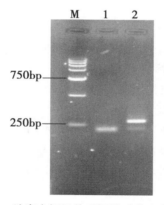

图 6.1　地高辛标记前后探针迁移速度变化
注：M. ds15 000 DNA 分子量标准；1. 没标记的探针；2. 地高辛标记后的探针

5）通过免疫法检测探针标记效率，使用 RNase-free H$_2$O 把试剂盒中的 DIG 标记的对照 DNA 和合成的探针 DNA 稀释至 1 ng/μL，然后按表 6.1 进一步稀释再点到杂交膜上进行标记效率检测，通过显色后与对照 DNA 的颜色深浅进行比较估算出探针的浓度，存放于-20℃备用。

表 6.1 稀释浓度

管	DNA（μL）	来自于管#	RNase-free H₂O（μL）	稀释比例	终浓度
1		稀释的原液			1 ng/μL
2	5	1	495	1：100	10 pg/μL
3	15	2	35	1：3.3	3 pg/μL
4	5	2	45	1：10	1 pg/μL
5	5	3	45	1：10	0.3 pg/μL
6	5	4	45	1：10	0.1 pg/μL
7	5	5	45	1：10	0.03 pg/μL
8	5	6	45	1：10	0.01 pg/μL
9	0	—	50	—	0

2. 原位杂交

1）收集新获得的植物线虫约 10 000 条，加入适量的 RNase-free H₂O 清洗两次；

2）加入 1 mL 4% 多聚甲醛溶液在 4℃ 条件下固定线虫 24 h；

3）离心，去掉部分上清液后，把线虫转移至 RNase-free 的载玻片中，用手术刀刀片对虫体进行切割；

4）把切割后的虫体重新转移至离心管中，用 0.01 M 的 PBS 溶液清洗虫体两次；

5）加入终浓度为 1 mg/mL 的蛋白酶 K 至线虫悬浮液中，37℃ 处理 30 min~4h；

6）加入适量 0.01 M PBS 清洗虫体 2 次；

7）把线虫沉淀物转移至 −80℃ 冰箱中冰冻 8 min；

8）加入 1 mL −80℃ 预冷甲醇，混匀后，在 −80℃ 冰箱中静置 1~3 min，离心去除上清液；

9）加入 1 mL 丙酮，混匀后，在室温下静置 5 min，12 000×g 离心 5 min 去除上清液；

10）加入 1 mL 新鲜配制的杂交液清洗虫体 1 次，12 000×g 离心 5 min 去除上清液；

11）加入 1 mL 新鲜配制的杂交液在 50℃ 条件下预杂交 30 min，12 000 × g 离心 5 min 去除上清液；

12）把探针置于沸水中处理 5 min，接着马上置于冰上 5 min 进行变性；

13）把变性后的探针加入到 500 μL 杂交液中至探针终浓度为 300 ng/mL，加入到上述沉淀物中（在对照组样品中应加入合成好的正义链探针），混匀，40℃ 条件下杂交 16 h，离心去除上清液；

14）加入 1 mL 2×SSC+0.1% SDS 混合溶液在 25℃ 下清洗虫

体 2 次, 每次 10 min;

15) 加入 1 mL 0.1×SSC+0.1% SDS 混合溶液在 50℃ 下清洗虫体 2 次, 每次 5 min;

16) 加入 1 mL 1×马来酸溶液在 25℃ 下清洗虫体 1 次, 每次 1 min;

17) 加入 500 μL 1×blocking solution 溶液在 25℃ 下清洗虫体一次;

18) 把 2.5 μL 抗体加入到 500 μL 1×blocking solution 溶液中, 然后与虫体混匀后, 在 37℃ 下孵育 2 h;

19) 加入适量 1×马来酸溶液, 在 37℃ 下清洗虫体 3 次, 每次 15 min;

20) 往虫体加入适量 1×AP 缓冲液, 清洗虫体 1 次;

21) 加入 1 mL 显色液, 25℃ 过夜显色;

22) 显微镜下观察结果 (图 6.2)。

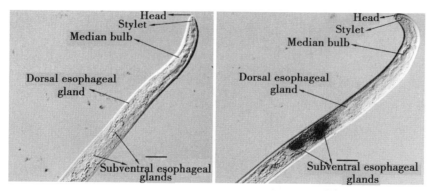

图 6.2 通过原位杂交确定拟禾本科根结线虫 A 基因在线虫的亚腹食道腺中表达

注:左图为加入正义链的探针没有显示出杂交信号,右图加入的是反义链探针杂交信号特异的在亚腹食道腺中,表明 A 基因特异的在亚腹食道腺中表达 (引自 Chen *et al*., 2017)。

【注意事项】

1) 原位杂交所用的试剂和耗材都需要经过除 RNase 的处理, 玻片、刀片、离心管、ddH₂O 等可以使用 DEPC 进行处理, PBS、马来酸溶液等可以使用 DEPC-treated H₂O 进行配制;

2) 不同植物线虫使用蛋白酶处理时间不同, 可以根据实际情况进行改变;

3) 甲醇预冷可以抑制虫体变形;

4) 如果虫体变形比较严重可以在第 (9) 和第 (10) 步之间增加用 20% 丙酮处理 20 min;

5) 探针合成后需要尽快使用, 长时间存放和反复冻融会影响杂交效率。

参考文献

de Boer J M, Yan Y, Smant G, *et al*. 1998. In-situ Hybridization to Messenger RNA in *Heterodera glycines*［J］.Journal of Nematology, 30（3）：309−312.

Chen J, Lin B, Huang Q, *et al*. 2017. A novel *Meloidogyne graminicola* effector, MgGPP, is secreted into host cells and undergoes glycosylation in concert with proteolysis to suppress plant defenses and promote parasitism［J］.Plos Pathogens, 13（4）：e1006301.

实验七　植物线虫效应蛋白在寄主中的免疫定位

　　效应蛋白是指被病原物分泌到寄主体内，并能改变寄主代谢、调节生理进程或抑制寄主防卫反应以促进病原侵染的一类蛋白质。植物线虫和其他植物病原物类似，在寄生过程中能分泌效应蛋白到寄主组织中，这些分泌到寄主中的效应蛋白对植物线虫的寄生必不可少。了解效应蛋白被分泌到寄主组织中的部位（如胞外、胞内等）可为研究效应蛋白的功能提供有力的线索。本实验主要介绍通过石蜡切片和免疫定位的实验方法研究效应蛋白在寄主组织中的定位。

【实验目的】　　　　　掌握石蜡切片和免疫定位的实验方法。

【实验原理】　　　　　石蜡切片是制作组织标本最常用、最基本的方法，该方法能较好保存组织的形态，有利于进行染色和免疫定位。虽然石蜡切片制作过程对组织内抗原的抗原活性有一定的影响，但可进行抗原修复，是免疫定位中首选的组织标本制作方法。免疫定位，是利用免疫学基本原理——抗原与抗体反应，即抗原与抗体特异性结合的原理，通过化学反应使标记抗体的显色剂（荧光素、酶、金属离子和同位素）显色或荧光标记物来确定组织细胞内抗原（多肽和蛋白质）的位置，对其进行定位和定性的研究。

【实验仪器、
材料和试剂】

1. 仪器　　　　　离心机、恒温摇床、恒温培养箱、恒温水浴系统、烘箱、电泳系统、高温灭菌锅、微波炉、PCR 仪、酒精灯、显微镜、荧光显微镜、切片机、冰箱、移液器。

2. 材料　　　　　线虫、离心管、手术刀刀片、多聚赖氨酸载玻片、盖玻片、石蜡包埋模具、吸头。

3. 试剂　　　　　枸橼酸钠缓冲溶液、二甲苯、无水乙醇、甲醛、切片石蜡、一抗、FITC 标记的二抗或 HRP 标记的二抗、灭菌水、牛血清蛋白、PBS。

【实验步骤】

1. 组织切片

1）取含有线虫的植物组织用手术刀切成边长不大于 0.5 cm×0.5 cm 且厚度少于 0.3 cm 的组织块；

2）用灭菌水清洗 3~5 次后，置于 1.5 mL 离心管；

3）加入 1 mL 4%甲醛，在室温下孵育 2~4 h；

4）重复上步一次；

5）更换其中的 4%甲醛，4℃继续固定 24 h；

6）固定好的样本依次经 50%乙醇、70%乙醇、85%乙醇、95%乙醇进行梯度脱水，各处理 3 h；

7）100%乙醇处理 2 次，每次 2 h；

8）把样本依次放入到 2/3 无水乙醇+1/3 二甲苯混合液、1/2无水乙醇+1/2 二甲苯混合液和 1/3 无水乙醇+2/3 二甲苯混合液中，各孵育 2 h；

9）把样本置于二甲苯中，孵育 1 h；

10）重复上步一次；

11）把样本置于 1/2 二甲苯+1/2 石蜡混合液中，40℃孵育 24 h；

12）重复上步两次。

13）把样本置于 50℃熔化的石蜡中 2 次，第一次孵育 4 h，第二次孵育 2 h；

14）把样本和石蜡一起转移至包埋模具中进行包埋；

15）待石蜡硬化后，用少许热蜡把蜡块贴附切片架上，然后用手术刀对蜡块进行修整；

16）把切片架固定到切片机中进行切片，接着进行贴片和烤片后获得相应的组织样本。

2. 免疫杂交

1）把经过石蜡切片的样品进行脱蜡，把二甲苯置于 40℃烘箱进行预热；

2）把玻片置于预热的二甲苯中，孵育 5min；

3）把玻片取出置于新的预热的二甲苯中 5min；

4）把玻片取出置于 100%酒精中 2min；

5）重复上步一次；

6）把玻片依次置于 95%酒精、90%酒精、80%酒精、70%酒精中，各 2 min；

7）把玻片依次置于 ddH$_2$O 中 3 次，每次 2 min；

8）然后进行抗原修复，把玻片置于 50 mL 0.01M 枸橼酸钠缓冲溶液（pH 值=6.0），用微波炉小火缓慢加热至刚刚沸腾；

9）玻片继续浸泡在缓冲液中，自然冷却至室温；

　　10）把玻片置于 PBS 中浸泡 3 次，每次 5 min；

　　11）用 PBS 配制 10%牛血清蛋白溶液作为非特异性位点的封闭液进行封闭，并把玻片置于该溶液中 37℃孵育 30 min；

　　12）把玻片置于 PBS 中浸泡 5 min；

　　13）用 PBS 稀释一抗，然后滴加在玻片上，置于湿盒中，4℃冰箱中孵育过夜；

　　14）取出载玻片，放入 PBS 中洗 3 次，每次 5 min；

　　15）用 PBS 稀释二抗，滴加在玻片上，置于湿盒中，室温孵育 0.5~2 h；

　　16）用 PBS 冲洗 3 次，每次 5 min，盖上盖玻片在显微镜（或荧光显微镜）下进行镜检，结果见示例图 7.1。

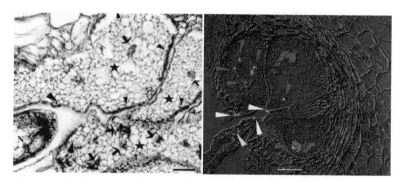

图 7.1　通过免疫定位研究植物线虫不同效应蛋白在植物组织中的定位

注：左图为使用 HRP 标记的二抗经过化学显色后可以在普通显微镜下观察到靶标蛋白的定位情况，右图为使用 FITC 标记的二抗需要在荧光显微镜下才能观察到信号（引自 Lin *et al.*，2013；Chen *et al.*，2017）。

【注意事项】

　　1）取植物根组织时，要保持表面干净，去除小的沙粒，避免沙粒对切片刀的损伤；

　　2）固定时可以轻轻摇动固定容器内的植物组织，有利于固定液对组织的充分渗入；

　　3）如果植物组织太嫩或含水量太高，使用酒精进行梯度脱水时应使用 30%乙醇、50%乙醇、70%乙醇、85%乙醇、95%乙醇的梯度进行脱水，以减少对细胞结构的影响；

　　4）样本在二甲苯中处理的时间不应过长，防止组织变硬、变脆，影响切片效果；

　　5）切片刀必须锋利，切片时切片机的轮盘转动要均匀；

　　6）切片应该置于经过多聚赖氨酸处理的载玻片上，以防止组织脱落；

　　7）进行免疫杂交时，检测不同抗原或使用不同的抗体时，可以更改封闭液成分，以达到较好的封闭效果；

8）在进行免疫杂交过程中，要避免样本干燥；

9）免疫杂交时，根据不同的检测方法选用不同标记的二抗，如使用荧光显微镜进行镜检则需要使用 FITC 等荧光染料标记的二抗、使用普通显微镜进行镜检可以使用 HRP、AP 等标记的二抗。

参考文献

李璐 . 2012. 石蜡切片制作的注意事项［J］. 临床合理用药杂志，05（3）：107-108.

Chen J, Lin B, Huang Q, *et al.* 2017. A novel *Meloidogyne graminicola* effector, MgGPP, is secreted into host cells and undergoes glycosylation in concert with proteolysis to suppress plant defenses and promote parasitism［J］. Plos Pathogens，13（4）：e1006301.

Jaubert S, Milac A L, Petrescu A J, *et al.* 2005. In planta secretion of a calreticulin by migratory and sedentary stages of root-knot nematode［J］. Molecular Plant-microbe Interactions，18（12）：1277-1284.

Lin B, Zhuo K, Wu P, *et al.* 2013. A novel effector protein, MJ-NULG1a, targeted to giant cell nuclei plays a role in *Meloidogyne javanica* parasitism［J］. Molecular Plant-microbe Interactions，26（1）：55-66.

Vieira P, Danchin E G, Neveu C, *et al.* 2011. The plant apoplasm is an important recipient compartment for nematode secreted proteins［J］. Journal of Experimental Botany，62（3）：1241-1253.

实验八 绿色荧光蛋白-植物线虫效应蛋白融合表达的载体构建、表达和观察

绿色荧光蛋白（Green Fluorescence Protein，GFP）基因是一种重要的报告基因。把待研究蛋白与 GFP 融合表达，可以检测待研究蛋白在细胞中不同细胞器的定位情况，为研究该蛋白功能提供重要基础。

【实验目的】 学习构建 GFP–植物线虫效应蛋白融合表达的植物表达载体，掌握通过农杆菌介导法在植物瞬时表达该融合蛋白的方法，并理解相关的实验原理。

【实验原理】 植物等真核生物的细胞具有复杂的亚细胞结构。每种细胞器中都具有一组特定的蛋白组分。其中除了叶绿体和线粒体能半自主的合成少数蛋白外，绝大部分蛋白是在细胞质或糙面内质网合成，再转运至不同的细胞器中，并形成成熟的蛋白质并行使功能。了解蛋白质在细胞内的定位，对研究该蛋白功能有重要意义，有助于分析和探索其生物学功能。研究蛋白质的亚细胞定位常用方法有蔗糖密度梯度离心、免疫定位、免疫荧光、多肽序列分析、与 GFP 构建融合基因表达融合蛋白等。其中利用与 GFP 融合表达进行亚细胞定位分析是常用的分析方法。

1962 年，日本科学家下村修在水母（*Aequorea victoria*）中发现并分离得到 GFP，研究发现该蛋白在紫外线下会发出明亮的绿色。1992 年，美国科学家马丁·查尔菲证明了 GFP 可作为生物学现象的发光遗传标记。GFP 一定波长的激光照射下会发出绿色荧光，从而可以精确地定位蛋白质的位置。进行亚细胞定位时，将 GFP 与待研究蛋白进行融合表达，构建相应载体时可将 GFP 融合在待测蛋白的 N 端或 C 端（图 8.1），然后在荧光显微镜下进行观察，如果观察到细胞内某一部位存在 GFP 信号，说明和 GFP 融合的蛋白也存在于该部位，从而达到确定待测蛋白亚细胞定位的目的。

图 8.1　GFP 融合蛋白示意图

A. GFP 融合在待测蛋白 C 端；B. GFP 融合在待测
蛋白 N 端（引自 Chen *et al.*，2017）

【实验仪器、材料和试剂】

1. 仪器

　　离心机、恒温摇床、恒温培养箱、恒温水浴系统、烘箱、分光光度计、电泳系统、超净工作台、高温灭菌锅、微波炉、PCR 仪、凝胶成像系统、酒精灯、电击转化仪、电击杯、荧光显微镜。

2. 材料

　　含有合适编码荧光蛋白序列的质粒，灭菌牙签，1 mL 灭菌枪头、0.2 mL 灭菌枪头、10 μL 灭菌枪头、灭菌 2 mL 离心管、灭菌 1.5 mL 离心管、灭菌 50 mL 离心管、灭菌 250 mL 三角瓶、无菌 10 cm 培养皿、医用纱布、载体通用引物、根癌农杆菌 EHA105、KOD plus-NEO PCR 反应试剂盒、pEASY-Uni Seamless Cloning and Assembly Kit、烟草、番茄、pBI 121、pMD19-T 植物表达载体、切胶回收试剂盒等。

3. 试剂

　　灭菌水、TE、PEG、10 mM MES 溶液（pH 值＝5.8）、氨苄青霉素、硫酸卡那霉素、液体和固体 LB 培养基、纤维素酶 R-10、果胶酶、甘露醇、0.5×B5 培养基中，1 000×IAA 溶液（0.2 mg/mL），酶溶液、W5 溶液、MMG 溶液、PEG 溶液。

【实验步骤】

1. 载体构建

时间表

Day1	PCR 扩增需要的片段、酶切和连接、转化
Day2	培养阳性菌落、测序
	记录分析

　　1）根据表达方法不同应该把目标片段连接到不同的载体骨架中，如通过根癌农杆菌介导的表达，应该使用 pBI121、pCambia 1300 等植物表达载体作为骨架，通过 PEG 介导在原生质体中表达，可以使用 pMD19-T、pUC-19 等载体作为骨架；

　　2）通过 PCR 方法扩增目的片段，然后再连接到相应载体中（图 8.2），构建时要注意待测蛋白与 GFP 蛋白要在同一开放阅读框中（图 8.3）。

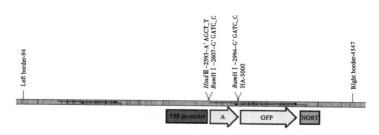

图 8.2　A-GFP 融合蛋白示意图

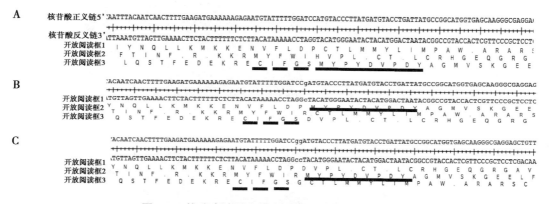

图 8.3　构建表达融合蛋白时的开放阅读框示意图

注：图 A 表示待测蛋白的氨基酸序列与 GFP 的氨基酸序列同时在开放阅读框 3 中，即是待测蛋白与 GFP 在同一开放阅读框的情况；图 B、C 表示待测蛋白的氨基酸序列在开放阅读框 3 中而 GFP 的氨基酸序列在开放阅读框 1 或 2 中，即是待测蛋白与 GFP 不在同一开放阅读框的情况，这两种情况都不能表达正确的融合蛋白。图中虚线表示载体编码的氨基酸序列，实线表示 A 基因编码的氨基酸序列。

2. 载体表达

融合蛋白的表达可以通过瞬时表达和构建转基因植株的稳定表达两种方法，在瞬时表达方法中包含农杆菌介导的瞬时表达、PEG 介导的瞬时表达和用基因枪把载体导入到细胞中的瞬时表达几种不同的技术路线，本章主要介绍农杆菌介导的烟草瞬时表达方法；

1）用 LB 培养基培养含有正确载体的农杆菌至 $OD_{600} = 1.0 \sim 1.5$；

2）用 10 mM MES 清洗菌体三次；

3）用 10 mM MES 重悬浮菌体，并定容至 $OD_{600} = 0.25 \sim 0.5$；

4）加入终浓度为 100 μM 的 AS 溶液，28℃孵育 4~8 h；

5）取苗龄为 4~6 周的烟草，在烟草叶片上做好标记后，用 1 mL 注射器的针头或灭菌枪头在烟草叶片表面刺一小孔，然后用注射器把上述获得的菌液注射到叶片中（图 8.4）；

6）把烟草转移至28℃培养箱中进行黑暗培养；

7）24~48 h后，用打孔器取少量叶片组织置于荧光显微镜下观察（图8.5）；

8）接着另取部分叶片组织进行western杂交确认融合蛋白表达是否正确（western方法可以参考基础分子生物学实验）。

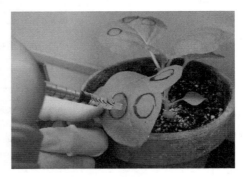

图8.4　烟草注射示意图

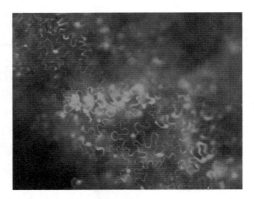

图8.5　在荧光显微镜下观察 GFP 蛋白在
烟草中瞬时表达的情况

【注意事项】

1）注射完毕后要用灭菌滤纸把叶片表面多余的菌液吸取干净；

2）注射时，菌液可以注射在叶片的正面和背面，但一般注射在叶片背面效果更好；

3）在烟草中进行瞬时表达一般在注射后24 h即能观察到绿色荧光信号，48 h左右表达最高，72 h后表达量开始下降；

4）在进行注射前，烟草先在28℃培养箱培养12~24 h可以提高农杆菌的侵染效率；

5）烟草叶片有弱的自发荧光，因此，实验时要注意实验组与对照组之间信号的差异。

参考文献

吴沛桥，巴晓革，胡海，等．2009．绿色荧光蛋白 GFP 的研究进展及应用［J］.生物医学工程研究，28（1）：83−86．

吴瑞，张树珍．2005．绿色荧光蛋白及其在植物分子生物学中的应用［J］.分子植物育种，3（2）：240−244．

Chen J，Lin B，Huang Q，*et al*．2017．A novel *Meloidogyne graminicola* effector, MgGPP, is secreted into host cells and undergoes glycosylation in concert with proteolysis to suppress plant defenses and promote parasitism［J］.Plos Pathogens，13（4）：e1006301．

Wroblewski T，Tomczak A，Michelmore R．2005．Optimization of Agrobacterium−mediated transient assays of gene expression in lettuce, tomato and Arabidopsis［J］.Plant Biotechnology Journal，3（2）：259−273．

实验九 植物线虫调节寄主免疫反应的研究方法——对 ROS 抑制

活性氧（Reactive Oxygen Species，ROS）是需氧生物在细胞代谢过程中产生的一系列活性氧物质的总称。当细胞受到病原物或某些自身物质的刺激时就会产生免疫反应，而 ROS 就是在受到免疫物质刺激后大量生成的信号物质，可以诱导植物产生免疫反应，因此，一般把 ROS 的产生量去衡量免疫反应的发生。

【实验目的】 了解测量 ROS 生成量的原理，并通过本实验学会测量不同样本之间 ROS 产生量的差异和研究植物线虫效应蛋白对 ROS 产量的影响。

【实验原理】 ROS 是一大类活性氧物质的总称，主要有一种激发态的氧分子，即一重态氧分子或称单线态氧分子（$^1O_2$）；3 种含氧的自由基，即超氧阴离子自由基（O_2^-）、羟自由基（·OH）和氢过氧自由基（HO_2）；2 种过氧化物，即过氧化氢（H_2O_2）和过氧化脂质（ROOH）以及一种含氮的氧化物（NO）等。这些物质化学反应活性强、存在寿命短，因此，到目前为止除了 H_2O_2 可以测定外，其他活性氧的测定还没有特别专一有效的方法，仍然是一项国际性难题。ROS 测定一般可以通过化学反应法、化学发光法、分光光度法、荧光光度法和电子自旋共振法（ESR）进行测量。化学反应法测定的灵敏度高、廉价、操作简便，但是，化学反应法的特异性较差，某些氧化-还原反应和酶促反应会对测定结果产生影响；化学发光法是目前测定 ROS 的灵敏度最高的方法之一，该方法根据反应底物的不同再分为三种不同的方法：鲁米诺法（Luminol）、光泽精法（Lucigenin）和 cypridina luciferin analog（CLA）法；分光光度法，是基于活性氧的分光光度进行测定，最常用的方法有细胞色素丙（cytochrome C）的超氧自由基还原法和硝基四氮唑蓝（Nitro Blue Tetrazolium，NBT）还原法。荧光光度法与化学发光法类似，也是灵敏度高，操作简便的分析方法之一。ESR 作为活性氧的化学反应后的检测方法，可以理解成是一种自由基的标志反应，即向活性氧生成的反应体系中添加本身带有不对称电子的自由基，这一添加物与活性氧发生反应后失去不对称电子，从而导致 ESR 信号的变化。

本章主要使用的方法是以 Luminol 作为底物的化学发光法进行 ROS 产量的测定。在该方法中 Luminol 在碱性溶液中，首先形成单价阴离子，然后在催化剂，如酶、Fe^{2+}、Co^{2+}、Ni^{2+} 和 Cu^{2+} 等过渡金属离子或者金属络合物的催化下与溶液中的溶解氧或者过氧化氢发生氧化还原反应，变成激发态，然后经非辐射性跃迁回到基态时，放出光子，再通过机器收集信号进行测量。

【实验仪器、材料和试剂】

1）仪器

离心机、恒温摇床、恒温培养箱、恒温水浴系统、化学发光仪或酶标仪（Varioskan Flash）、烘箱、分光光度计、电泳系统、超净工作台、高温灭菌锅、微波炉、PCR 仪、酒精灯。

2）材料

烟草、农杆菌菌株 GV3101、灭菌牙签、1 mL 灭菌枪头、0.2 mL 灭菌枪头、10 μL 灭菌枪头、灭菌 2 mL 离心管、灭菌 1.5 mL 离心管、灭菌 50 mL 离心管、灭菌 250 mL 三角瓶、灭菌 2 000 mL 三角瓶、无菌 10 cm 培养皿、无菌 15 cm 培养皿、比色皿、1 mL 注射器。

3）试剂

DMSO、10 mM MES（pH 值=5.8）、Luminol 溶液（17 mg/mL，DMSO 溶解）、Horseradish Peroxidase（HRP，10 mg/mL，ddH_2O 溶解）、Flg22（100 μM）、灭菌水、液体 LB 培养基、AS 溶液（乙酰丁香酮，100 mM，DMSO 溶解）

【实验步骤】

植物线虫效应蛋白瞬时表达

时间表

Day1	培养农杆菌，16～24h
Day2 8:00	准备注射用菌液
Day2 12:00	把菌液注射到烟草叶片中
Day3/Day4 12:00	取叶片进行 Western 检测
Day5 14:00～20:00	取叶盘并置于 96 孔板静置
Day6	进行 ROS 反应并测量数据

数据处理

1）把含有合适载体（表达待研究蛋白的载体）的农杆菌培养至 OD_{600} =1～1.5；

2）5 000 × g 离心 3 min 收集菌体，用 10 mM MES 溶液清洗菌体 3 次，然后用 10 mM MES 定容至 OD_{600} =0.5～1.0；

3）向菌液中加入 AS 溶液至 AS 终浓度为 100 μM，然后在室温中孵育约 4 h 后，用 1 mL 注射器吸取适量菌液；

4）取定值后 20 d 左右的烟草苗，用注射器的针头或灭菌枪头在烟草叶片背面刺一小孔，然后用注射器把上述菌液注射到叶片中；

5）注射完后要用纸巾把多余的菌液吸干，然后做好标记；

6）注射完 24～48 h 后，用打孔器从叶片上取叶盘进行 Western 杂交验证蛋白是否有正常表达；

7）取一个白色的 96 孔板，用排枪往每个孔加入 200 μL 灭菌水，然后用打孔器从烟草叶片上取叶盘，背面朝下放置到 96 孔板中（图 9.1），然后用锡箔纸包好室温静置 16~24 h；

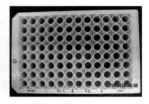

图 9.1 取叶盘进行 ROS 检测

8）按如下体系配制反应液（每 8 孔用量）：1 mL 灭菌 ddH_2O，2 μL Luminol，2 μL Horseradish peroxidase，10 μL Flg22；

9）用排枪把每个孔中的水尽量去除干净，再向每个孔中加入 100 μL 反应液，轻轻振荡后，迅速放入化学发光仪中进行信号收集；

10）每 0.5~1 min 采集一次信号，采集反应前 40 min 的信号，反应完毕后，把数据导出到 Excel 中进行分析。

11）分析时把每孔的数据先按时间顺序独立作曲线图，接着把差异较大的组别去除，然后再把同一处理的组别的数据进行平均之后再进行数据分析（图 9.2）。

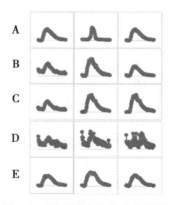

图 9.2 不同样本之间的曲线图

注：D 行数据与该处理的其他组别差异较大，所以该部分数据应该去除

【注意事项】

1）植株的生长状态和苗龄对 ROS 测定的效率影响较大，因此，应该选用生长状态良好，定值后 20 d 左右的烟草植株进行实验；

2）取叶盘进行实验的时候需避免在叶盘上产生伤口，如叶盘上有伤口会极大的增加 ROS 的产量，从而影响结果的准确性；

　　3）反应液要现配现用，配制完后要用锡箔纸包好，避光存放，且不能置于冰上；

　　4）由于本实验结果与 HRP 活性有关，NaN$_3$ 能抑制 HRP 活性，因此，进行实验时要避免微量 NaN$_3$ 对体系的污染。

参考文献

Keppler L D, Baker C J, Atkinson M M. 1989. Active oxygen production during a bacteria-Induced hypersensitive reaction in tobacco suspension cells [J].Phytopathogoly, 79: 974-978.

Melcher R L, Moerschbacher B M. 2016. An improved microtiter plate assay to monitor the oxidative burst in monocot and dicot plant cell suspension cultures [J]. Plant Methods, 12 (1): 1-11.

实验十　植物线虫调节寄主免疫反应的研究方法——对胼胝质沉积抑制

胼胝质（callose），是多个葡萄糖单体以 β-1，3 键结合形成的多糖。对于正在生长的细胞，胼胝质会减少了细胞壁的弹性，抑制细胞的生长，但在植物受到病原物刺激后合成量增加并分泌到细胞壁外形成保护层，可以阻止真菌、细菌等病原物入侵。因此，可以通过分析该物质的生成量来研究植物的免疫反应的变化。

【实验目的】　　　　　了解测量胼胝质生成量的原理，并通过本实验学会测量不同样本之间胼胝质产生量的差异和研究植物线虫效应蛋白对胼胝质产量的影响。

【实验原理】　　　　　植物在受到免疫物质（如 PAMPs 等）刺激后会刺激细胞产生大量的胼胝质并分泌到细胞外。利用苯胺蓝与胼胝质结合后能产生荧光的原理解测量胼胝质生成量。

【实验仪器、材料和试剂】

1. 仪器　　　　　恒温摇床、恒温培养箱、烘箱、高温灭菌锅、微波炉、酒精灯、荧光显微镜。

2. 材料　　　　　拟南芥、1 mL 灭菌枪头、0.2 mL 灭菌枪头、10 μL 灭菌枪头、灭菌 2 mL 离心管、灭菌 1.5 mL 离心管、灭菌 50 mL 离心管、灭菌 250 mL 三角瓶、1 mL 注射器、12 孔板。

3. 试剂　　　　　Flg22（100 μM）、灭菌水、酒精、乙酸、10% NaOH 溶液、150 mM K_2HPO_4（pH 值 = 9.5）、1% 苯胺蓝溶液（用 150 mM K_2HPO_4溶解）、固定液。

【实验步骤】　　　　　1）苗龄为 4~6 周的拟南芥植株，用 1 mL 注射器把浓度为 10 μM Flg22 注射进叶片中；

2）室温下静置 18~24 h 后，用 10 mm 打孔器取叶盘，置于 12 孔板中；

时间表

Day1	注射 Flg22
Day 2 8:00~12:00	打孔取叶盘进行固定
Day3 8:00	加入 70% 乙醇等进行处理
Day3 17:00	苯胺蓝染色
Day3 19:00	进行观察和拍照
数据处理	

3）每个样加入 1 mL 固定液，25℃ 50~80 r/min 条件下孵育，每 1~2 h 更换一次固定液，至植物组织和固定液都变为澄清透明；

4）再加入 1 mL 固定液，在相同条件下孵育过夜；

5）用 70% 乙醇清洗叶盘 2 次，每次 5 min；

6）用 50% 乙醇清洗叶盘 2 次，每次 5 min；

7）用 ddH$_2$O 清洗叶盘 5 次，每次 5 min；

8）加入 10% NaOH 溶液处理叶盘，在 37℃ 条件下孵育 1~2 h，每隔 30 min 更换一次 10% NaOH 溶液，经 NaOH 溶液处理完后，叶盘应该变得透明和柔软；

9）用 ddH$_2$O 清洗叶盘 5 次，每次 5 min；

10）用 150 mM K$_2$HPO$_4$（pH 值=9.5）溶液漂洗叶盘一次；

11）加入 1% 苯胺蓝溶液，并在 37℃ 条件下孵育 1~2 h；

12）叶盘用清水轻轻漂洗后，置于荧光显微镜进行观察和拍照，滤片参数为激发光波长 390 nm，发射光波长 460 nm（结果见图 10.1）；

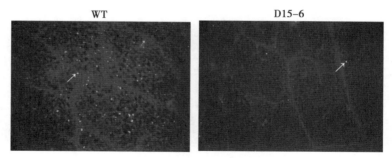

图 10.1　在荧光显微镜下观察胼胝质

注：白色箭头所示的为胼胝质

13）用 ImageJ 软件对每个视野中的胼胝质沉积斑数进行计算。

【注意事项】

1）向叶片中注射 Flg22 后，要用纸巾吸干在叶片表面的剩余溶液；

2）苯胺蓝溶液稳定性较差，需要现配现用并避光保存；

3）NaOH 溶液的处理效果会影响染色效果，如果 NaOH 叶片透明或柔软程度不足应该要延长处理时间；

4）pH 值会影响苯胺蓝的染色效果，所以进行染色前需要先用 K$_2$HPO$_4$ 溶液漂洗叶盘。

参考文献

Abramoff M，Magelhaes P，Ram S. 2004. Image processing with

ImageJ［J］.Biophotonnics International，11（5-6）：36-42.

Jaouannet M，Magliano M，Arguel M J，*et al*. 2013. The root-knot nematode calreticulin Mi-CRT is a key effector in plant defense suppression［J］.Molecular Plant-microbe Interactions，26（1）：97-105.

Shi X，Han X，Lu T G. 2016. Callose synthesis during reproductive development in monocotyledonous and dicotyledonous plants［J］. Plant Signaling & Behavior，11（2）：e1062196.

实验十一　植物线虫调节寄主免疫反应的研究方法——对防卫基因表达的抑制

　　寄主植物在受到免疫物质如病原物分子模式刺激后，细胞会产生一系列的变化，如促分裂素原活化蛋白激酶信号通路、钙依赖性蛋白激酶的激活、氧爆发的产生等。可以通过检测这些指标的变化来证明某种物质或蛋白对植物的免疫反应是否存在促进或抑制作用。

【实验目的】　　学习检测植物线虫效应蛋白对防卫基因表达的影响的实验方法。

【实验原理】　　植物在受到免疫物质（如 PAMPs 等）刺激后会刺激细胞表达防卫相关基因，如 WRKY、CYP、FRK、MAPK 等。可以通过检测这些防卫相关基因表达量的变化来证明某种物质或蛋白对植物的免疫反应是否存在促进或抑制作用。

【实验仪器、材料和试剂】

1. 仪器　　恒温摇床、恒温培养箱、烘箱、高温灭菌锅、微波炉、酒精灯、TP810 荧光定量 PCR 系统、电子天平。

2. 材料　　野生型拟南芥、转基因拟南芥、1 mL 灭菌枪头、0.2 mL 灭菌枪头、10 μL 灭菌枪头、灭菌 2 mL 离心管、灭菌 1.5 mL 离心管、灭菌 50 mL 离心管、灭菌 250 mL 三角瓶、1 mL 注射器、12 孔板、96 孔板。

3. 试剂　　Flg22（100 μM）、灭菌水、酒精、硫酸卡那霉素、氨苄青霉素、10 mM MES（pH 值 = 5.8）、乙酰丁香酮（AS，100 mM）、LB 培养基、植物 RNA 提取试剂盒、PrimeScript II Rtase、THUNDERBIRD SYBR qPCR Mix、0.5 × MS 培养基、0.01 M PBS。

【实验步骤】　　1）取待测的转基因拟南芥种子和野生型拟南芥种子，经过表面消毒后，播种到 0.5×MS 培养基中；

时间表

Day1	注射 Flg22
Day 2 8:00~12:00	打孔取叶盘进行固定
Day3 8:00	加入 70%乙醇等进行处理
Day3 17:00	苯胺蓝染色
Day3 19:00	进行观察和拍照
数据处理	

2）把含有拟南芥种子平板置于 4℃条件下孵育 24~48 h；

3）把含有拟南芥种子平板转移至 25℃培养箱在 16h 光照/8 h 黑暗条件下进行培养；

4）14 d 后，每株取两片叶位相近的叶子；

5）其中一片浸泡于含有 10 μM Flg22 的 0.01 M PBS 溶液，另一片浸泡在不含有 Flg22 的 0.01 M PBS 溶液中；

6）1 h 后，提取 RNA 和进行反转录反应；

7）通过荧光定量 PCR 检测防卫相关基因的表达变化；

8）荧光定量 PCR 反应完毕后，检查扩增结果，结果符合特异性要求后，把数据导入到 Excel 文档中，计算 Flg22 对不同拟南芥植株防卫基因表达的诱导作用；

9）计算方法：首先按照 $2^{-\Delta\Delta CT}$ 方法计算出每组样品防卫基因相对内参基因的表达量，接着计算同一株植物中浸泡在 flg22 样品中的防卫基因表达量与浸泡在不含 flg22 溶液中的防卫基因的表达量的比值，获得 flg22 对该组样品不同防卫基因诱导表达的数据。

【注意事项】

1）除了通过转基因植株研究效应蛋白对防卫基因的抑制作用外，还可以通过在烟草中瞬时表达效应蛋白的方法进行研究；

2）也可以使用 ELF18 和几丁质等 PAMPs 诱导防卫基因的表达；

3）不同防卫相关基因对不同 PAMPs 的敏感程度不同，因此在进行实验前应该先筛选合适的基因作为检测靶标。

参考文献

Chen S, Chronis D, Wang X. 2013. The novel GrCEP12 peptide from the plant-parasitic nematode *Globodera rostochiensis* suppresses flg22-mediated PTI [J]. Plant Signaling & Behavior, 8 (9): e25359.

Jaouannet M, Magliano M, Arguel M J *et al*. 2013. The root-knot nematode calreticulin Mi-CRT is a key effector in plant defense suppression [J]. Molecular Plant-microbe Interactions, 26 (1): 97-105.

Jones J D G, Dangl J L. 2006. The plant immune system [J]. Nature, 7117 (444): 323-329.

Livak K J, Schmittgen T D. 2001. Analysis of relative gene expression data using real-time quantitative PCR and the $2^{-\Delta\Delta Ct}$ Method [J]. Methods, 25 (4): 402-408.

实验十二 植物线虫调节寄主免疫反应的研究方法——对 ETI 反应的抑制

　　植物在长期与病原物对抗的过程中进化出了一套有效的抵抗病原物侵染的系统。该系统由两层免疫反应组成，分别是第一层的病原物相关的分子模式触发的免疫反应（PAMPs-triggered immunity，PTI）和第二层的效应子触发的免疫反应（Effector triggered immunity，ETI）。PTI 系统通过识别在病原物或非病原物中广泛存在某些保守的分子特征，引起相应的抗病反应，如鞭毛蛋白（Flg22）和肽聚糖等。ETI 系统通过识别病原物的毒性因子（即效应子）诱导免疫反应的产生，ETI 反应可以认为是更强和反应速度更快的 PTI 反应，导致植物对病原物产生免疫反应。

【实验目的】　　学习检测植物线虫效应蛋白对 ETI 反应影响的实验方法。

【实验原理】　　坏死斑的产生是 ETI 反应发生的标志，因此可以通过研究线虫效应蛋白对坏死斑产生数量的影响，就能知道该效应蛋白是否能抑制寄主 ETI 反应的发生。

【实验仪器、材料和试剂】

1. 仪器　　恒温摇床、恒温培养箱、烘箱、高温灭菌锅、微波炉、酒精灯、TP810 荧光定量 PCR 系统、电子天平。

2. 材料　　烟草（*Nicotiana benthamiana*）、1 mL 灭菌枪头、0.2 mL 灭菌枪头、10 μL 灭菌枪头、灭菌 2 mL 离心管、灭菌 1.5 mL 离心管、灭菌 50 mL 离心管、灭菌 250 mL 三角瓶、1 mL 注射器。

3. 试剂　　灭菌水、酒精、硫酸卡那霉素、氨苄青霉素、10 mM MES（pH 值=5.8）、乙酰丁香酮（AS，100 mM）、LB 培养基、植物 RNA 提取试剂盒、PrimeScript II RTase、THUNDERBIRD SYBR qPCR Mix、0.01 M PBS。

【实验步骤】

1. 植物线虫效应蛋白瞬时表达　　参照实验"植物线虫调节寄主免疫反应的研究方法——对 ROS 抑制"中所述方法在烟草叶片中表达待研究的效应蛋白。

2. 诱导 ETI 反应蛋白的表达

时间表

Day1	培养还有表达效应蛋白载体的农杆菌，16~24h
Day2 8:00	准备注射用表达效应蛋白的菌液
Day2 12:00	把表达效应蛋白的菌液注射到烟草叶片中
Day3 12:00	培养还有表达 ETI 诱导物载体的农杆菌，16~24h
Day4 14:00~20:00	把表达诱导物的菌液注射到烟草叶片中
Day7~Day10	观察和记录结果
数据处理	

研究植物线虫效应蛋白对 ETI 反应的抑制作用常用 Gpa2/RBP-1、R3a/AVrR3a 组合来诱导植物 ETI 反应的发生，本章主要介绍利用 Gpa2/RBP-1 组合来诱导 ETI 反应的研究方法。

1) 在注射了含有表达线虫效应蛋白载体到烟草 24 h 后，培养含有表达 Gpa2 和 RBP-1 载体的农杆菌分别培养至 OD_{600} = 1~1.5；

2) 5 000×g 离心 3 min 收集菌体，用 10 mM MES 溶液清洗菌体 3 次，然后用 10 mM MES 定容至 OD_{600} = 0.2~1.0；

3) 向两种菌液中分别加入 AS 溶液至终浓度为 100 μM，然后在室温中孵育 4~8 h；

4) 把两种菌液等体积混合，摇匀，用 1 mL 注射器吸取适量菌液；

5) 然后用注射器把上述菌液注射到步骤 1 "植物线虫效应蛋白瞬时表达"的注射区域中；

6) 注射完后要用纸巾把多余的菌液吸干，然后做好标记，把烟草苗转移到培养箱中继续培养；

7) 在最后一次注射的 3~6 d 后，观察和记录实验结果，并取植物组织提取 RNA 和总蛋白进行 RT-PCR 和 western 杂交，验证不同基因和蛋白的表达情况，结果见示例图 12.1。

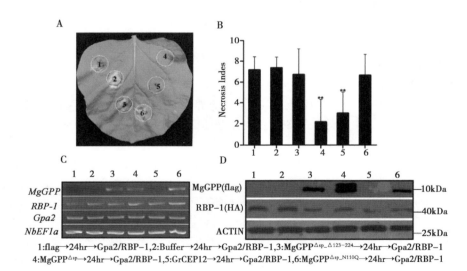

1:flag→24hr→Gpa2/RBP-1,2:Buffer→24hr→Gpa2/RBP-1,3:MgGPP$^{\triangle sp\_\triangle 123-224}$→24hr→Gpa2/RBP-1
4:MgGPP$^{\triangle sp}$→24hr→Gpa2/RBP-1,5:GrCEP12→24hr→Gpa2/RBP-1,6:MgGPP$^{\triangle sp\_N110Q}$→24hr→Gpa2/RBP-1

图 12.1　植物线虫效应蛋白 MgGPP 对 Gpa2/RBP-1
诱导的 ETI 反应的抑制作用

注：A. MgGPP 蛋白对 Gpa2/RBP-1 在烟草中诱导的 ETI 反应的抑制效果，在最后一次注射 5d 后记录不同处理细胞坏死的表型和坏死的数量；B. 不同处理的坏死斑指数；C. RT-PCR 分析不同基因的表达量；D. Western 杂交确定不同蛋白的表达量（引自 Chen *et al.*，2017）

【注意事项】

1）出现坏死斑的时间会受到烟草苗龄和不同诱导物的影响，需要先通过预实验确定最佳观察和记录时间；

2）注射表达诱导 ETI 反应蛋白的农杆菌菌液浓度高时出现坏死斑的时间较短，浓度低时出现坏死斑的时间较长，可以根据实验情况进行调整；

3）进行实验时要设置注射 buffer、空载体、阳性载体的对照，排除假阴性、假阳性情况的出现。

参考文献

Chen J, Lin B, Huang Q, *et al.* 2017. A novel *Meloidogyne graminicola* effector, MgGPP, is secreted into host cells and undergoes glycosylation in concert with proteolysis to suppress plant defenses and promote parasitism [J].Plos Pathogens, 13 (4)：e1006301.

Chronis D, Chen S, Lu S, *et al.* 2013. A ubiquitin carboxyl extension protein secreted from a plant-parasitic nematode *Globodera rostochiensis* is cleaved in planta to promote plant parasitism [J]. Plant Journal, 74 (2)：185-196.

Jones J, Dangl J. 2006. The plant immune system [J].Nature, 444 (7117)：323-329.

Postma W J, Slootweg E J, Rehman S, *et al.* 2012. The Effector SPRYSEC-19 of *Globodera rostochiensis* Suppresses CC-NB-LRR-Mediated Disease Resistance in Plants [J].Plant Physiology, 160 (2)：944-954.

Sacco M A, Koropacka K, Grenier E, *et al.* 2009. The cyst nematode SPRYSEC protein RBP-1 elicits Gpa2- and RanGAP2-dependent plant cell death [J].Plos Pathogens, 5 (8)：e1000564.

实验十三　酵母双杂交 cDNA 文库构建方法

　　植物寄生线虫在侵染和寄生过程中，通过分泌效应蛋白与寄主蛋白进行相互作用，来促进自身的侵染。因此，可以通过寻找效应蛋白在寄主体内的受体蛋白，进而通过分析受体蛋白功能来推测线虫效应蛋白的功能。目前通常采用酵母双杂交方法来筛选受体蛋白。酵母双杂交系统是以酿酒酵母（*Saccharomyces cerevisiae*）为基础建立的研究蛋白与蛋白之间相互作用的实验系统。在进行酵母双杂交系统前要先构建高质量的文库。本实验以拟南芥根为材料，通过 Trizol-氯仿抽提法提取总 RNA 和 SMART™ 技术（Switching Mechanism At 5′ end of the RNA Transcript）合成 cDNA，然后通过同源重组方法构建文库。

【实验目的】

通过本实验学会如何构建酵母双杂交 cDNA 文库。

【实验原理】

　　构建全长 cDNA 文库的方法主要有：Oligo-capping 法、CAPture 法、SMART 法、Cap-Select 法、Cap-jumping 法以及 Cap-trapper 法等。这些方法各具优缺点，但都以真核生物 mRNA 5′端的帽子结构为基础。其中 SMART 方法最为简单，且获得大量的应用。采用 SMART 方法构建全长 cDNA 文库可避免其他构建方法对 RNA 的反复处理，较好地克服了低表达量基因信息的丢失等缺点。此外，SMART 方法在 cDNA 合成时自动在 cDNA 5′和 3′末端加上与 pGAD-Rec 载体 *Sma* I 酶切位点两侧序列相同的同源臂，这样可以直接通过同源重组方法而不经过连接反应就可以构建全长 cDNA 文库，避免了传统的采用连接酶连接时导致的短片段连接效率显著高于长片段的连接效率的问题（图 13.1）。

【实验仪器、材料和试剂】

1. 仪器

离心机、恒温摇床、恒温培养箱、恒温水浴系统、烘箱、分光光度计、NanoDrop 微量紫外-可见光分光光度计、电泳系统、超净工作台、高温灭菌锅、微波炉、PCR 仪、酒精灯。

2. 材料

酵母菌株 Y187、pGAD-Rec 载体，灭菌牙签，1 mL 灭菌枪头、0.2 mL 灭菌枪头、10 μL 灭菌枪头、灭菌 2 mL 离心管、灭菌 1.5 mL 离心管、灭菌 50 mL 离心管、灭菌 250 mL 三角瓶、灭菌 2 000 mL 三角瓶、无菌 10 cm 培养皿、无菌 15 cm 培养皿、

pGAD 载体通用引物。

3. 试剂

Trizol、SD/-Leu 营养缺陷型培养基、YPDA、灭菌水、carrier DNA、DMSO、TE、LiAC、PEG、Advantage 2 Polymerase Mix Kit。

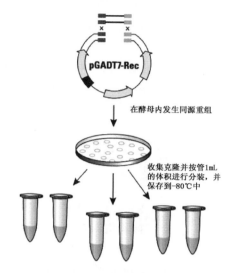

在酵母内发生同源重组

收集克隆并按管1mL的体积进行分装，并保存到-80℃中

图 13.1　利用酵母细胞生物学特性制作文库

注：引自 Clontech

【实验步骤】

1. 提取拟南芥总 RNA

时间表

Day1	活化 Y187 菌株
Day2	提取拟南芥总 RNA、反转录合成第一链 cDNA
Day3	LD-PCR 合成第二链 cDNA，并纯化；把活化后 Y187 接种到液体 YPDA 培养基中培养
Day4	取 5 μL 接种到50mL 液体 YPDA 继续培养
Day5 8:00	加入新鲜液体 YPDA 继续培养
Day5 12:00	制作感受态，载体转化，平板筛选
Day8/ Day9	如菌落直径>1.5mm，收集文库菌，并进行分装

1）从培养基上收集培养了 14 d 的拟南芥根，用清水冲洗干净根表面的培养基后，再用灭菌滤纸吸干表面水分；

2）取 5g 根，在液氮中快速研磨成粉末，迅速加入 60 mL TRizol，混匀，剧烈振荡 15 min；

3）4℃ 12 000 × g 离心 10 min 取上清液；

4）加入等体积氯仿，混匀，4℃ 12 000×g 离心 10 min，取上清液；

5）向上清液中加入等体积异丙醇，混匀后，4℃ 12 000 × g 离心 30 min，去上清液；

6）用 75% 乙醇洗涤沉淀两次，置于超净台中干燥，然后加入 100 μL RNase-free 水溶解；

7）取 10 μL 分别进行浓度检测和电泳检测（具体标准参考实验二中所述）。

2. cDNA 链合成

1）先融化所有非酶试剂，混匀后，离心收集，并置于冰上放置，SMART MMLV Reverse Transcriptase 对温度敏感，应该在使用前再从-20℃冰箱取出；

2）先合成第一链，按以下反应体系进行配制：取 1~2 μg（体积≤3 μL）总 RNA 和 1.0 μL CDS Ⅲ，混匀，65℃孵育 3 min，冰上孵育 5 min，离心把液体收集到管底；

3）向上述混合液中加入 2.0 μL 5×First Strand Buffer, 1.0 μL DTT（100mM），1.0 μL dNTP Mix（10 mM each），1.0 μL SMART MMLV Reverse Transcriptase，混匀并离心收集到管底后，置于 42℃ 条件下反应 10 min；

4）向混合液中加入 1.0 μL SMART Ⅲ-modified oligo，混匀并离心收集后置于 42℃ 条件下反应 90 min；

5）72℃ 条件下反应 10 min 以终止反转录反应；

6）待第一链溶液温度降至室温后向其中加入 1.0 μL RNaseH（2 U），混匀，离心收集，并置于 37℃ 下反应 20 min；接着进行第二链 cDNA 合成（LD-PCR）；

7）按以下反应体系进行配制：140 μL ddH$_2$O，4.0μL First Strand cDNA，20 μL 10×Advantage 2 PCR buffer，4.0 μL 50×dNTP Mix，4.0 μL 5′PCR primer，4.0 μL 3′PCR primer，20 μL Melting solution，4 μL 50×Advantage 2 polymerase mix，混匀后平均分装到两个 PCR 管中；

8）按如下条件进行 PCR 反应：

95℃ 30s，95℃ 10s 68℃ 6min[a]，68℃ 5min

Xcycles[b]

注：a. 每循环延伸时间比上一循环增加 5s；b. 循环数根据起始总 RNA 含量决定，1~2 总 RNA 反应 15~20 个循环，0.5~1.0 总 RNA 反应 20~22 个循环

9）反应结束后取 7 μL 产物进行电泳检测，电泳条带应该弥散、且应该从小分子量 100~200 bp 分布到大于 2 000 bp 的范围；

10）准备纯化柱进行双链 cDNA 纯化，把 CHROMA SPIN+TE-400 纯化柱取出，摇匀，然后取下下端的封闭，再放到 2 mL 收集管中，700×g 水平离心 5 min 以去除里面多余液体；

11）把 93 μL 的 ds cDNA 溶液加入到处理好的纯化柱中央，700×g 水平离心 5 min，流出来的滤液则为纯化后的 cDNA；

12）把两份滤液收集到一个 1.5 mL 离心管中，然后加入 9 μL 3M NaAc，500 μL -20℃预冷的无水乙醇，在-80℃冰箱中孵育 1 h，在 4℃ 14 000×g 条件下离心 20 min，去除上清液；

13）向沉淀中加入 1 mL 75%乙醇洗涤，然后在超净工作台中进行干燥，加入 25 μL ddH$_2$O 溶解 ds cDNA；

14）取 2 μL 纯化后的 ds cDNA 进行电泳检测，条带应该呈弥散状，且应该从约 400 bp 分布到大于 2 000 bp 的范围（图 13.2）。

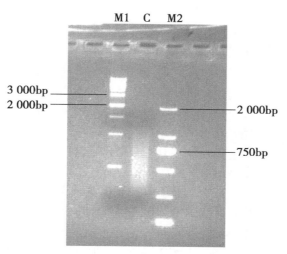

图 13.2　纯化后的 ds cDNA 分布范围

注：M1 为 Ds15000 DNA 分子量标准；M2 为 Ds2000 DNA 分子量标准；C 为纯化后的 ds cDNA

3. 文库构建

1）从−80℃冰箱中取出 Y187 菌株，划线到 YPDA 平板中，在 30℃条件下培养 3 d；

2）待长出菌落后，从平板中挑取一个直径约为 2~3 mm 的菌落接种到 15 mL 液体 YPDA 中，置于培养基的 50 mL 离心管中，在 30℃ 250 rpm 摇床中培养 8~12 h；

3）把 5 μL 上述培养好的菌液中取接种 50 mL 液体 YPDA 中，并置于 250 mL 三角瓶中，在 30℃ 250 r/min 摇床中培养至 OD$_{600}$=0.15~0.3（16~20 h）；

4）700×g 离心 5 min 收集菌体并用 100 mL 液体 YPDA 重悬浮菌体并继续培养至 OD$_{600}$=0.4~0.5（3~5 h）；

5）把菌液分装到 3 个无菌的 50 mL 离心管中，700×g 离心 5 min 收集菌体，用 60 mL 无菌 ddH$_2$O 重悬浮菌体并收集到两个 50 mL 离心管中；

6）700×g 离心 5 min 收集菌体，用 3 mL 1.1×TE/LiAc 溶液重悬浮菌体并转移到两个无菌 1.5 mL 离心管中；

7）700×g 离心 5 min 收集菌体，每管菌再用 600 μL 1.1×TE/LiAc 溶液重悬浮，则为酵母感受态细胞；

8）取 20 μL 合成好的 ds cDNA（2~5 μg）与 6 μL pGADT7-Rec 载体混合，然后加入 600 μL 酵母感受态细胞，混匀后转移

到无菌的 15 mL 离心管中;

9)继续向混合物中加入 20 μL 已变性的 carrier DNA（共 200 μg）和 2.5 mL PEG/LiAc 溶液，混匀;

10）30℃孵育 45 min（期间每 15 min 混匀一次）;

11）加入 160 μL DMSO，混匀;

12）42℃孵育 20 min（期间每 10 min 混匀一次）;

13）700 × *g* 离心 5 min 收集菌体，然后加入 3 mL YPD plus Medium 重悬浮;

14）置于 30℃ 250 rpm 摇床中培养 90 min;

15）离心收集菌体，加入 15 mL 灭菌的 0.9% NaCl 溶液重悬浮，均匀涂布在 100 个 15 cm SD/-Leu 平板上（每个板涂 150 μL 菌液）;

16）另取 100 μL 菌液进行 10×、100×、1 000×稀释然后涂布到 10 cm SD/-Leu 平板上计算转化效率;

17）培养 3~4 d 至菌落长至直径>1.5 mm 后，计算转化效率，转化效率>10^6（即在 100 × 稀释涂布的平板上菌落数>133 个）进行下一步;

18）从稀释的平板中随机挑取 17 个酵母菌落至灭菌水中稀释，通过 PCR 方法检测文库中插入片段的多样性和重组效率（图 13.3）;

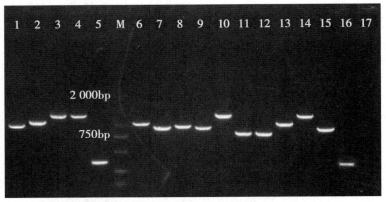

图 13.3 拟南芥总 cDNA 酵母杂交文库插入片段的大小范围检测电泳图

注：M 为 DS 2000 DNA 分子量标准；泳道 1–17 为不同酵母菌落插入片段长度

19）把平板转移至 4℃孵育 4 h，然后向每个平板中加入 5 mL 预冷的 YPDA（含 25%甘油），再用涂布棒把菌落刮取下来，收集到一个无菌的 500 mL 烧杯中;

20）待全部平板中的菌落都收集完毕后，把菌液混匀，取其中的 100 μL，稀释 10×、100×和 1 000×，然后置于血球计数板中进行浓度计算，若酵母细胞浓度>$2×10^7$/mL 则进行下一步，若小于该浓度则把菌液进行离心去除多余水分；

21）把菌液按 1 mL/管分装到 1.5 mL 离心管中，保存于 $-80℃$。

【注意事项】

1）合成 ds cDNA 时尽可能在达到合成量的标准后使用最低的循环数，因为随着循环数的增加会降低 ds cDNA 的多样性，从而影响最终文库的代表性；

2）CHROMA SPIN+TE-400 纯化柱会随着储存时间的增加纯化效率会下降，存放时间超过一年的可能对 DNA 片段失去过滤能力；

3）反复冻融会降低文库菌的多样性，因此，保存的文库菌应该尽可能的采用小量分装，降低反复冻融的可能；

4）灭菌水和各种培养基一旦开封使用，即使没用完也应该丢弃，不能重复使用；

5）实验中使用的灭菌牙签、枪头、离心管等，使用前应在烘箱中使用 80℃ 烘干，而且使用前和使用后都应该在烘箱中存放，以防止污染；

6）如果转化效率没有达到要求，可能是因为 ds cDNA 纯度较低、感受态细胞活性不足等原因导致的，应该重新进行文库制作；

7）文库在$-80℃$条件下最佳保存时间约为 6 个月，随着保存时间增加，文库的多样性会慢慢下降，因此，需要尽快进行下一步实验。

参考文献

扈丽丽，卓侃，林柏荣，等 . 2016. 植物寄生线虫效应蛋白功能分析方法的研究进展［J］. 中国生物工程杂志，36（2）：101-108.

实验十四　酵母双杂交系统筛选
相互作用蛋白

酵母双杂交系统是以酿酒酵母（*Saccharomyces cerevisiae*）为基础建立的研究蛋白与蛋白之间相互作用的实验系统。本实验以 Clontech 公司的 Matchmaker ® Gold Yeast Two-Hybrid System 试剂盒研究植物线虫 A 蛋白与寄主植物 B 蛋白之间的相互作用为例，介绍酵母双杂交系统的原理和实验方法。

【实验目的】　　　　　　　通过本实验，了解酵母双杂交的作用原理和该实验方法在研究植物线虫效应蛋白功能中的作用，并掌握酵母双杂交的实验方法和实验步骤。

【实验原理】　　　　　　　该系统主要利用酿酒酵母中的转录因子 GAL 4 的作用特点。该转录因子含有两个独立并且可以分割的结构域，即 DNA 结合结构域（DNA-binding domain，BD）和转录激活结构域（transcriptional activation domain，AD）。这两个结构域功能相互独立，但是需要结合在一起才能正确行使 GAL 4 转录因子的功能——激活基因的表达，缺失其中一个结构域 GAL 4 转录因子都没有转录激活活性（图 14.1）。

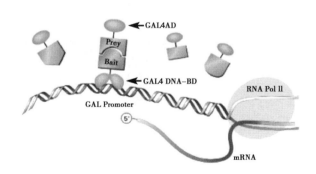

图 14.1　酵母双杂交原理

注：引自 Clontech

该酵母双杂交系统由三部分组成：

第一，pGBKT₇ 载体，该载体含有 GAL 4 转录因子的 BD 结构域和 c-myc 抗原标签的编码序列，表达与 BD 结构域和 c-myc 融合的待测蛋白，称为诱饵蛋白（bait）。

第二，pGADT$_7$ 载体，该载体含有 GAL 4 转录因子的 AD 结构域、猴空泡病毒 40（SV40）核定位信号和红血球凝集素（HA）的编码序列，表达与 AD 结构域和 HA 融合的待测蛋白，称为靶蛋白（prey）。

第三，工程菌株，在该系统中常使用的酿酒酵母菌株 Y2HGOLD 和 AH109 菌株，这两种菌株都缺失了合成亮氨酸（Leu）、色氨酸（Trp）的能力，因此，使用亮氨酸和色氨酸缺陷表型进行质粒转化时的筛选标记。此外，这两种菌株中组氨酸（His）和腺嘌呤（Ade）合成酶基因分别受到 G1 和 G2 启动子调控，只有在转入到同一酵母细胞中的两个待研究蛋白发生相互作用才能激活组氨酸和腺嘌呤合成酶基因表达。所以，使用组氨酸和腺嘌呤缺陷表型进行相互作用蛋白的筛选。为了减少假阳性的出现该系统在营养缺陷型筛选的基础上增加了由 AUR1-C 介导的抗生素 Aureobasidin A（ABA）筛选和由 α-半乳糖苷酶（MEL1）介导的 x-α-gal 蓝白斑筛选。这两个酶的表达都受到 M1 启动子的调控。因此上述菌株在缺乏 Leu、Trp、His 或 Ade 的营养缺陷培养基中无法生长。而相应的营养缺陷型培养基则用来进行酵母筛选。调控组氨酸合成酶、腺嘌呤合成酶、AUR-C 和 α-半乳糖苷酶表达的 G1、G2 和 M1 启动子都是受到 GAL 4 转录因子的激活，即只有在同一个酵母细胞内的靶蛋白和诱饵蛋白发生相互作用，会使到 AD 结构域和 BD 结构域在空间距离上靠近并稳定结合，从而重新形成一个完整的有活性 GAL 4 转录因子，这样才能激活组氨酸合成酶、腺嘌呤合成酶、AUR-C 和 α-半乳糖苷酶的表达，使到该酵母细胞能在含有 ABA 和 x-α-gal 的营养缺陷型培养基上正常生长并产生蓝色菌落；如果在同一个酵母中表达的靶蛋白和诱饵蛋白不能发生相互作用，则 AD 结构域和 BD 结构域无法稳定结合，从而不能重新形成有活性的 GAL 4 转录因子，无法在含有 ABA 和 x-α-gal 的营养缺陷型培养基上正常生长。

【实验仪器、材料和试剂】

1. 仪器

离心机、恒温摇床、恒温培养箱、恒温水浴系统、烘箱、分光光度计、电泳系统、超净工作台、高温灭菌锅、微波炉、PCR 仪、酒精灯。

2. 材料

含有重组 pGBK 载体的酵母菌株 Y2HGold 或 AH109、灭菌牙签、1 mL 灭菌枪头、0.2 mL 灭菌枪头、10 μL 灭菌枪头、灭菌 2 mL 离心管、灭菌 1.5 mL 离心管、灭菌 50 mL 离心管、灭菌 250 mL 三角瓶、灭菌 2 L 三角瓶、无菌 10 cm 培养皿、无菌 15 cm 培养皿、pGAD 载体通用引物、pGBK 载体通用引物、KOD FX PCR 反应试剂盒。

3. 试剂

Aba 存储液、x-α-gal（20 mg/mL）存储液、相应的营养缺陷型培养基、2× YPDA、YPDA、0.5 × YPDA、灭菌水、carrier DNA、DMSO、TE、LiAc、PEG。

【实验步骤】

1. 酵母菌株构建

把植物线虫 *A* 基因构建到载体 pGBKT7 中，经测序验证后转化到酵母菌株 AH109 或 Y2HGOLD 中。

时间表 1

Day1~ Day3	构建酵母菌株
Day4	用 SD/-Trp 培养基培养目标酵母菌
Day5	Western 杂交分析蛋白表达

2. 蛋白表达检测

时间表 2

Day1	活化 Y187 菌株
Day2	提取拟南芥总RNA、反转录合成第一链 cDNA
Day3	LD-PCR 合成第二链 cDNA，并纯化；把活化后 Y187 接种到液体 YPDA 培养基中培养
Day4	取 5 μL 接种到 50 mL 液体 YPDA 继续培养
Day5 8:00	加入新鲜液体 YPDA 继续培养
Day5 12:00	制作感受态，载体转化，平板筛选
Day8/ Day9	如菌落直径>1.5 mm，收集文库菌，并进行分装

1）把含有 pGBKT7-A 载体的 Y2HGOLD 菌株，划线到 SD/-Trp 平板上，30℃培养 2~3 d；

2）用灭菌牙签挑取直径为 2~3 mm 的菌落，接种到 5~10 mL SD/-Trp 液体培养基中，30℃培养 16~24 h 至 $OD_{600} = 0.4~0.6$，$1\,000 \times g$ 离心 5 min 收集菌体；

3）再用 10 mL YPDA 培养基重悬浮菌体，30℃培养 5 h 后，$1\,000 \times g$ 离心 5 min 收集菌体，并用灭菌水清洗 2 次；

4）加入灭菌水重悬浮菌体后，加入 0.1 g 玻璃珠，涡旋振荡 15 min，$12\,000 \times g$ 离心 1 min 收集菌体；

5）按每 1 mL 菌体加入 100 μL SDS loading buffer 的比例往菌体中加入适量 SDS loading buffer，然后煮沸变性 5 min 则为蛋白样品；

6）把上述蛋白样品和经过同样处理的空载体对照的蛋白样品，一起上样进行 SDS-PAGE 电泳然后进行 WESTERN 杂交分析目的蛋白表达量。

3. 自激活活性检测

1）把含有 pGBKT7-A 载体的 Y2HGOLD 菌株，划线到 SD/-Trp 平板上，30℃培养 2~3 d；

2）用灭菌牙签挑取直径为 2~3 mm 的菌落，接种到 5~10 mL

时间表 3

Day1～Day4	活化和培养菌株
Day5	制作酵母感受态和转化，涂布到 SD/−2 平板进行筛选
Day7	把菌落转移至 SD/−4 平板进行筛选
Day10	观察和记录结果

时间表 4

Day1～Day4	活化和培养菌株，准备筛选用的 SD/−3 或 SD/−2 平板
Day5	将靶标菌和文库菌混合进行杂交
Day6	收集杂交后的菌体并涂布至合适的平板
Day10	把长出来菌落转移到 SD/−4 培养基中进一步筛选
Day13	待菌落长出来，用灭菌牙签挑至培养基中进行培养
Day15	取培养好的菌体进行 PCR 和测序
Day16	提取需要验证的质粒并重新转化至酵母菌中进行验证
Day20	对新长出来的菌落进行验证
	记录结果

SD/-Trp 液体培养基中，30℃ 培养 16～24 h 至 OD_{600} 为 0.15～0.3，1000 × g 离心 5 min 收集菌体；

3）加入 30 mL 灭菌水清洗菌体一次，然后加入 1.5 mL 1.1×TE/LiAc 缓冲液，1 000×g 离心 5 min 收集菌体；

4）最后加入 600 μL 1.1×TE/LiAc 缓冲液重悬浮菌体，获得酵母感受态；

5）取 100 μL 上述感受态细胞，加入到 2 mL 离心管中，然后依次加入 100 μL pGADT₇ 质粒（无任何插入片段），5 μL Carrier DNA（10 μg/μL，已变性），500 μL PEG/LiAc 缓冲液，混匀；

6）把上述混合物置于 30℃ 水浴锅孵育 30 min，期间每隔 15 min 颠倒混匀 1 次；

7）然后向上述混合物中加入 20 μL DMSO，混匀，42℃ 孵育 15 min；

8）14 000 × g 离心 15 s 离心收集菌体，然后加入 600 μL YPDA 培养基，30℃ 振荡培养 1 h；

9）离心收集菌体，加入 500 μL 灭菌水重悬浮菌体，取 100 μL 菌液涂布于 SD/-Trp/-Leu 平板上；

10）平板置于 30℃ 培养箱培养 2～3 d 至出现白色-粉红色菌落；

11）用灭菌牙签把菌落挑取至 SD/-Trp/-Leu/-His/-Ade/+ABA/+ x-α-gal 平板上；

12）同时应该使用含有 pGBKT₇-53 和 pGADT₇-T 的 Y2HGOLD 菌株作为阳性对照，含有 pGBKT₇-Lam 和 pGADT₇-T 的 Y2HGOLD 菌株作为阴性对照；

13）把平板置于 30℃ 培养箱培养 2～3 d 后观察结果，观察各个菌株生长情况（表 14.1），再决定是否进行下一步实验。

表 14.1　菌株生长情况

载体	结论与处理方法					
	正确，进行下一步实验	错误，检查培养基	错误，检查培养基	错误，检查培养基	错误，检查培养基或样品顺序	错误，自激活
pGBKT₇-A 和 pGADT₇	不长，无	长，白	不长，无	不长，无	长，蓝	长，蓝
pGBKT₇-53 和 pGADT₇-T	长，蓝	长，蓝	长，白	不长，无	长，蓝	长，蓝
pGBKT₇-Lam 和 pGADT₇-T	不长，无	不长，无	不长，无	不长，无	长，蓝	不长，无

4. 互作蛋白筛选　　　　　　1）把含有 pGBKT$_7$-A 载体的 Y2HGOLD 菌株，划线到 SD/-Trp 平板上，30℃培养 2~3 d；

2）用灭菌牙签挑取直径为 2~3 mm 的菌落，接种到 50 mL SD/-Trp 液体培养基中，30℃培养 16~24 h 至 OD$_{600}$ = 0.8，1 000×g 离心 5 min 收集菌体，加入 5 mL 2×YPDA 重悬浮菌体，接着用移液枪把菌液转移到 2 000 mL 三角瓶中；

3）从−80℃中取出一管文库菌，置于 4℃环境中化冻；

4）用移液枪把文库菌菌液转移到 2 000 mL 三角瓶中，接着用 2×YPDA 把装文库菌的离心管清洗 3 次，并转移到 2 000 mL 三角瓶中；

5）加入 45 mL 2×YPDA；

6）把装有混合物的 2 000 mL 三角瓶转移到 30℃恒温摇床中 50~60 r/min 条件下孵育 20~24 h；

7）孵育 20 h 后，取 10 μL 菌液，置于显微镜下观察，观察是否产生了三叶草型结合子（图 14.2），如果观察到了接合子则进行第 8）步，如果没有则继续杂交 4 h；

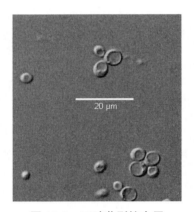

图 14.2　三叶草型接合子

8）把 2 000 mL 三角瓶中的菌液转移到 50 mL 离心管中，700×g 离心 10 min，去上清液，接着用灭菌水清洗三角瓶 3 次，把菌液转移到原 50 mL 离心管中，700×g 离心 10 min；

9）往离心管中加入 0.5×YPDA，至总体积为 12 mL，重悬浮菌体；

10）把所有菌液涂布至 SD/-Trp/-Leu/-His/-Ade/+ABA 平板上，每个平板涂布 300 μL 菌液；

11）加入 1 mL 0.5×YPDA 清洗离心管，并把溶液涂布至 SD/-Trp/-Leu/-His/-Ade/+ABA 平板上；

12）重复第 11）步 2 次；

13）晾干平板，封口后，置于 30℃恒温培养箱中培养 3~

15 d；

14）菌落长出后，使用灭菌牙签把直径大于 2 mm 的菌落挑取至新的 SD/-Trp/-Leu/-His/-Ade/+ABA/+ x-α-gal 平板上，并做好标记，然后把新的平板置于 30℃恒温培养箱中培养 2~3 d；

15）使用灭菌牙签挑取少量在新平板中长出的且变蓝色的菌落至 5 mL 液体 SD/-Trp/-Leu/-His/-Ade 培养基中，置于 30℃ 250 r/min 恒温摇床中培养 24~60 h；

16）使用酵母提取试剂盒提取质粒，然后进行使用 pGAD 通用引物进行 PCR 扩增，并测序，获得候选的与 A 蛋白相互作用的蛋白。

5. 互作蛋白验证

经过筛选获得的候选互作蛋白需要利用酵母双杂交系统进行验证排除因为假阳性。

1）参照"3. 自激活活性检测"中所述的酵母感受态制作方法，制作 pGBKT$_7$-A 和 pGBKT$_7$ 的 Y2HGOLD 菌株感受态；

3）并把"4. 互作蛋白筛选"中的步骤 16）所获得的候选质粒，分别转化到两种感受态中，然后涂布到 SD/-Trp/-Leu 平板上培养 2 d；

4）菌落长出后，使用灭菌牙签取直径大于 2 mm 的菌落进行 PCR 验证，并把菌落挑至新的 SD/-Trp/-Leu/-His/-Ade/+ ABA/+ x-α-gal 平板上，并做好标记，然后把新的平板置于 30℃恒温培养箱中培养 2~3 d 后拍照记录菌落生长情况。

【注意事项】

1）0.5 × YPDA、2 × YPDA、YPDA 缺陷型培养基应使用 115℃高温灭菌 15 min 防止葡萄糖焦化；

2）灭菌水和各种培养基开封使用，没用完的应该丢弃，不能重复使用；

3）实验中使用的灭菌牙签、枪头、离心管等，使用前应在烘箱中使用 80℃烘干，而且使用前和使用后都应该在烘箱中存放，以防止污染；

4）在使用质粒转化酵母时，可以使用 YPDA 代替试剂盒中 YPDA Plus，进行互作蛋白筛选时，筛选平板上可以不加入 Aba 和 x-α-gal；

5）在进行互作蛋白筛选时，如果把杂交后的菌液直接涂布于四缺平板上，若不能获得菌落或获得的菌落较少时，可以改为涂布到三缺（SD/-Trp/-Leu/-His）的平板上；

6）在进行"互作蛋白筛选"的步骤 4）时，PCR 反应需要分别使用 pGAD 和 pGBK 载体通用引物进行检测，即每一个菌落需要进行 2 个 PCR 反应。

参考文献

扈丽丽，卓侃，林柏荣，等．2016．植物寄生线虫效应蛋白功能分析方法的研究进展［J］．中国生物工程杂志，36（2）：101-108.

Lin B，Zhuo K，Chen S，*et al*. 2016. A novel nematode effector suppresses plant immunity by activating host reactive oxygen species-scavenging system［J］.New Phytologist，209（3）：1159-1173.

实验十五　荧光双分子互补载体构建与表达方法

荧光双分子荧光互补（bimolecular fluorescence complementation，BiFC）分析技术，是由 Hu Chang-Deng 等在 2002 年最先报道的一种直观、快速地判断目标蛋白在活细胞中的定位和相互作用的新技术。该技术将荧光蛋白分子分割为两个片段，并分别与目标蛋白融合表达，如果荧光蛋白活性恢复则表明两目标蛋白发生了相互作用。本实验中我们以植物线虫 A 蛋白与寄主植物的 B 蛋白为例介绍荧光双分子互补载体构建与表达方法。

【实验目的】　荧光蛋白是一类重要的报告蛋白，目前在生物学各个领域得到了广泛的应用。通过本实验，了解荧光双分子实验的作用原理和该实验方法，并掌握该实验的实验步骤。

【实验原理】　将荧光蛋白（如 YFP、CFP、mCherry、Venus 等）在合适的位点切开形成不发光的 N 端和 C 端 2 个多肽，分别称为 N 片段和 C 片段。这两个片段在细胞内分别单独表达、共表达或体外混合时，不能自发地组装成完整的荧光蛋白，即在受到合适波长的激发光激发时不能产生荧光。但是把 N 端和 C 端分别融合到两个能相互作用的蛋白上，并在细胞内共表达或体外混合这 2 个融合蛋白时，由于目标蛋白质的相互作用，荧光蛋白的两个片段在空间上彼此靠近，重新构建成完整的具有活性的荧光蛋白分子，即在该蛋白的激发光激发之下，发射荧光（图 15.1）。

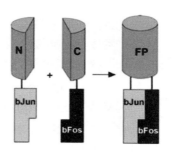

图 15.1　BiFC 原理示意图

注：引自 Shyu *et al.*，2006

【实验仪器、材料和试剂】

1. 仪器

离心机、恒温摇床、恒温培养箱、恒温水浴系统、烘箱、分光光度计、电泳系统、超净工作台、高温灭菌锅、微波炉、PCR 仪、凝胶成像系统、酒精灯、电击转化仪、电击杯。

2. 材料

含有合适荧光蛋白编码序列的质粒，灭菌牙签，1 mL 灭菌枪头、0.2 mL 灭菌枪头、10 μL 灭菌枪头、灭菌 2 mL 离心管、灭菌 1.5 mL 离心管、灭菌 50 mL 离心管、灭菌 250 mL 三角瓶、无菌 10 cm 培养皿、医用纱布、载体通用引物、pGBK 载体通用引物、根癌农杆菌 EHA105、KOD plus NEO PCR 反应试剂盒、pEASY-Uni Seamless Cloning and Assembly Kit 试剂盒、烟草、番茄、pBI 121、pMD19-T。

3. 试剂

灭菌水、TE、PEG、10mM MES 溶液（pH 值＝5.8）、氨苄青霉素、硫酸卡那霉素、液体和固体 LB 培养基、纤维素酶 R-10、果胶酶、甘露醇、1 000×IAA 溶液（0.2mg/mL）、酶溶液、W5 溶液、MMG 溶液、PEG 溶液。

【实验步骤】

1. 荧光双分子载体构建

1）根据表达方法不同应该把目标片段连接到不同的载体骨架中，如通过根癌农杆菌介导的表达，应该使用 pBI 121、pCambia 1300 载体作为骨架，通过 PEG 介导的原生质体表达，应该使用 pMD19-T、pUC-19 等载体作为骨架；

2）不同荧光蛋白在构建双分子互补载体时的断裂位点略有不同，本实验以 YFP 荧光蛋白为例进行介绍，在构建以 YFP 蛋白作为标记蛋白的荧光双分子互补载体，通过 PCR 方法把 YFP 蛋白断裂为第 1—155 号氨基酸和第 156—238 号氨基酸两部分，然后分别连接到载体中；

3）通过下面两组引物：

YFPnF：*gactctagaggatcccc*ATGGAGCAGAAACTCATCTCTGA-AGAGGATCTGatgtccaagggcgaggagctgtt

YFPnR：*acgatcggggaaattcccggg*CAGATCCTCTTCAGAGATGA-GTTTCTGCTCgtcggccatgatgtacacgttgt

小写斜体是与 pBI 121 载体重合的部分，小写斜体加下划线部分是 *BamH* I 和 *Sma* I 酶切位点，大写正体部分是 c-myc tag，小写正体部分是扩增 YFP 基因的引物；

YFPcF：*gactctagaggatcccc*ATGTACCCATACGACGTCCCAGAC-

时间表 1

Day1	PCR 扩增需要的片段、酶切和连接、转化
Day2	培养阳性菌落、测序
Day3	测序正确后提取质粒、酶切、连接和转化
Day4	挑取阳性菌落并测序验证
	记录分析

TACGCTaagcagaagaacggcatcaaggtg

    YFPcR：*acgatcggggaaattcccggg*TACCCATACGACGTCCCAGA-CTACGCT*gagctc*gaatttccccgatcgttcaaacatttgg

    小写斜体是与 pBI 121 载体重合的部分，小写斜体加下划线部分是 *Bam*H I 和 *Sma* I 酶切位点，大写正体部分是 HA tag，小写正体部分是扩增 YFP 基因的引物；

    4）YFPnF/YFPnR 引物组扩增 YFP 蛋白第 1—155 号氨基酸编码序列，YFPcF/YFPcR 引物组扩增 YFP 蛋白第 155—238 号氨基酸编码序列，产物回收后，使用同源重组方法（Uni Seamless Cloning and Assembly Kit 连接试剂盒）连接到经过 *Sma* I 和 *Sac* I 酶切的载体中；

    5）以其他载体作为骨架构建可以参考上述引物组合，只需要把与载体重合部分的序列替换成骨架载体的序列；

    6）然后通过引物扩增 A 和 B 蛋白的编码序列，然后再通过同源重组方法连接到构建好的 BiFC 载体中，即可获得相应的表达载体。

2. 原生质体制作

时间表 2

Day1	种子消毒，播种
Day10	加入 IAA 溶液诱导毛根生长
Day11	去除多余的 IAA 溶液
Day16	收集根，加入酶溶液降解细胞壁
Day17	用纱布过滤去除组织碎片，进行转染
Day18	荧光显微镜/western 杂交分析结果

    1）取经过表面消毒的番茄种子，播种到 0.5×B5 培养基中，在 28℃光照 16 h/黑暗 8 h 环境下培养；

    2）约 10 d 后，加入 IAA 溶液，浸泡 16~24 h 后，用灭菌枪头去掉多余溶液后再培养 5~7 d 至长出大量毛根；

    3）收集培养好的根组织，尽量去除多余的培养基，然后把根浸没在 400 mM 甘露醇溶液，用新的手术刀切成 0.5 cm 左右的细段，接着把碎根转移到 50 mL 三角瓶中，然后再加入 5 mL 400 mM 甘露醇溶液，在 25℃ 50 rpm 摇床中处理 10 min；

    4）用医用纱布过滤上述溶液，把碎根重新放到 50 mL 三角瓶中，再加入 15 mL 酶溶液，在 25℃ 50 r/min 摇床黑暗条件下处理 8~16 h 至根组织基本消解完毕；

    5）消解完毕后，向三角瓶中加入 15 mL 4℃预冷的 W5 溶液，轻摇数分钟；

    6）用医用纱布过滤上述溶液 2~3 次，然后把溶液转移至 50 mL 离心管中，用水平转子在 25 ℃ 100 × g 离心 10 min 收集原生质体；

    7）加入 20 mL W5 溶液清洗原生质 3 次至溶液澄清；

    8）加入 MMG 溶液至原生质体数量约为 10^6 个细胞/mL。

3. 载体转染和表达

    1）加入上述构建好的 BiFC 质粒（每个质粒约 30 μg）至 300 μL 原生体中，混匀，然后加入 300 μL PEG 溶液，混匀后在 25℃中孵育 30 min；

2）此外，在进行 BiFC 实验时要加入阴性对照，即不与线虫中 A 蛋白相互作用的植物 D 蛋白组和不与植物中 B 蛋白相互作用的线虫 C 蛋白；

3）向上述混合液中加入 600 μL W5 溶液混匀后，在 25℃ 100×g 条件下离心，去上清液后，加入 1 mL W5 溶液悬浮细胞，把细胞转移至 12 孔板中，在 25℃ 50r/min 的弱光环境下培养 16~24 h；

4）把细胞培养板转移至 10℃ 环境下孵育 4~10 h；

5）取部分细胞在荧光显微镜下观察，结果参考图 15.2；

6）另取部分细胞进行 Western 杂交确认蛋白是否正确表达。

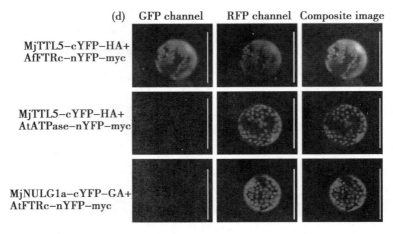

图 15.2　爪哇根结线虫 MjTTL5 与拟南芥中的 AtFTRc 相互作用的 BiFC 示例图

注：MjTTL5 蛋白与 AtFTRc 蛋白是经过酵母双杂交筛选的能相互作用的蛋白组合，是实验组；MjTTL5 蛋白与 AtATPase 蛋白，MjNULGa 蛋白与 AtFTRc 蛋白是不能发生相互作用的组合，是阴性对照组；GFP channel 观察 YFP 的荧光信号，有荧光信号即表示两个待测蛋白发生了相互作用，RFP channel 观察 RFP 的荧光信号，由于使用的原生质体的含有表达 AtNTRc-RFP 融合的片段，因此 RFP 信号作为质体的 marker（引自 Lin *et al.*，2016）

【注意事项】

1）YFPn/YFPc 片段融合在靶标蛋白的氮端或碳端会影响两个片段结合为活性 YFP 蛋白的效率，因此，进行实验时应该所有融合情况都进行测试，即靶蛋白 1-YFPn/靶蛋白 2-YFPc，靶蛋白 1-YFPc/靶蛋白 2-YFPn，YFPn-靶蛋白 1/靶蛋白 2-YFPc，YFPn-靶蛋白 1/ YFPc-靶蛋白 2，YFPc-靶蛋白 1/靶蛋白 2-YFPn 等组合都进行测试；

2）制作和转化原生质体时使用的试剂尽量使用原装试剂；

　　3）制作和转化原生质体的溶液要使用灭菌后的超纯水进行试剂配制，待各组分完全溶解后使用 0.22 μm 过滤器进行过滤，可以避免试剂中的不溶性杂质影响原生体的转化效率和影响接着的荧光显微镜观察，还可以避免溶液 pH 值的变化；

　　4）PEG 和 MMG 溶液要现配现用；

　　5）载体表达完毕后在 10℃ 环境孵育能增加两个 YFP 片段重新结合成有活性 YFP 蛋白的几率，但同时也会增加假阳性的几率。

　　6）选用植物表达载体时需要注意在烟草中表达时使用的是 35S 启动子，但是在水稻等单子叶植物上表达时要使用玉米泛素启动子等适用于单子叶作物的启动子。

参考文献

Hu C D, Chinenov Y, Kerppola T K. 2002. Visualization of Interactions among bZIP and Rel Family Proteins in Living Cells Using Bimolecular Fluorescence Complementation [J]. Molecular Cell, 9 (4): 789-798.

Lin B, Zhuo K, Chen S, et al. 2016. A novel nematode effector suppresses plant immunity by activating host reactive oxygen species – scavenging system [J]. New Phytologist, 209 (3): 1159-1173.

Running M P. 2013. G Protein – Coupled Receptor Signaling in Plants [M]. Humana Press.

Shyu Y J, Liu H, Deng X, et al. 2006. Identification of new fluorescent protein fragments for bimolecular fluorescence complementation analysis under physiological conditions [J]. Biotechniques, 40 (1): 61-66.

实验十六　免疫共沉淀实验方法

　　免疫共沉淀（Co-Immunoprecipitation，Co-IP）是以抗体和抗原之间的专一性作用为基础的用于研究蛋白质-蛋白质之间相互作用的经典方法。这种方法得到的目的蛋白是在细胞内与靶标蛋白天然结合的，符合体内实际情况，得到的结果可信度高。这种方法常用于测定两种目标蛋白质是否在体内发生直接或间接相互作用，即天然状态下相互作用蛋白复合物、也可用于确定一种特定蛋白质的新的作用搭档。该方法分离到的相互作用的蛋白质都是经翻译后修饰的，处于天然状态，蛋白的相互作用是在自然状态下进行的，可以避免人为的影响。

【实验目的】

　　免疫共沉淀目前在研究蛋白质相互作用时得到广泛的应用。通过本实验，了解免疫共沉淀实验的作用原理和该实验方法，并掌握该实验的实验步骤。

【实验原理】

　　细胞在适当条件下被裂解后，原细胞内存在的蛋白质-蛋白质间的相互作用的状态依然保留下来。然后往蛋白溶液中加入蛋白质 A 的抗体，该抗体能与蛋白质 A 特异的结合，然后再往该溶液中加入固化在不溶物上的 protein A/G，protein A/G 能特异性结合抗体中 FC 片段（Fragment Crystallizable），并形成沉淀，这样与抗体 A 结合的蛋白 A 和与蛋白 A 发生相互作用的蛋白也会被一起沉淀下来。目前更多的把标签抗体偶联在不溶物上使之与含有相应标签抗原的蛋白发生反应进行免疫共沉淀（图 16.1）。

【实验仪器、材料和试剂】

1. 仪器

　　离心机、恒温摇床、恒温培养箱、恒温水浴系统、烘箱、分光光度计、电泳系统、超净工作台、高温灭菌锅、微波炉、PCR 仪、凝胶成像系统、酒精灯、电击转化仪、电击杯。

2. 材料

　　构建好的植物表达载体、灭菌牙签、1 mL 灭菌枪头、0.2 mL 灭菌枪头、10 μL 灭菌枪头、灭菌 2 mL 离心管、灭菌 1.5 mL 离心管、灭菌 50 mL 离心管、灭菌 250 mL 三角瓶、无菌 10 cm 培养皿、医用纱布、载体通用引物、根癌农杆菌 EHA105、KOD

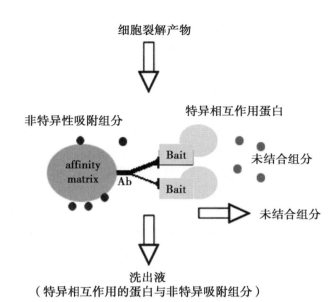

图 16.1　免疫共沉淀原理图

plus NEO PCR 反应试剂盒、pEASY-Uni Seamless Cloning and As-
sembly Kit 试剂盒、烟草（*Nicotiana benthamiana*）、植物表达载
体 pBI 121。

3. 试剂　　　　灭菌水、TE、10 mM MES 溶液（pH 值 = 5.8）、氨苄青霉
素、硫酸卡那霉素、液体和固体 LB 培养基、1 M DTT、蛋白酶
抑 制 剂（sigma，P9599-1ML）、PVPP、Anti-HA-peroxidase
（Roche，3F10）、Myc-tag antibody（Santa Cruz，9E10）、Anti-
HA Affinity Gel（抗体凝胶，Sigma，E6779）、Bio-Gel P6 DG
（Bio-Rad 150-0738）、30% 聚丙烯酰胺、TEMED、10% 过硫酸铵
溶液、1M Tris-HCl（pH 值 = 6.8）、1.5M Tris-HCl（pH 值 =
8.8）、GTEN、IP buffer、SDS Loading Buffer、10% NP-40、脱脂
奶粉、化学发光显色液。

【实验步骤】

1. 蛋白提取　　　　1）表达载体可以使用在实验十七中构建的载体，通过农杆
菌介导的转化法在烟草中进行共表达；

　　2）取生长 4~6 周，有 7~8 片真叶的烟草苗；

　　3）把含有目标载体的农杆菌活化后，接种 10 mL 液体 LB
中，在 28℃ 200~250 r/min 条件下培养过夜至 $OD_{600} = 1~1.5$；

　　4）离心收集菌体，使用 10 mM MES 缓冲液清洗菌体 3~4 次，然后用 10 mM MES 缓冲液重悬浮菌体，并使菌液 $OD_{600} = 0.5 \sim 1$，接着向菌液中加入 AS 溶液至终浓度为 100 μM，然后在室温中孵育约 4 h；

5）把两种菌液（表达 HA/myc 融合蛋白载体的农杆菌）等体积混匀，用 1 mL 注射器吸取适量菌液；

6）用注射器的针头或灭菌枪头在烟草叶片背面刺一小孔，然后用注射器把混合菌液注射到叶片中；

7）注射完后要用纸巾把多余的菌液吸干，然后做好标记；

8）注射完 48~72 h 后，收集叶片，用剪刀把叶脉去除后，称量；

9）准备蛋白提取液，在 5 mL GTEN 溶液中加入 50 μL 1 M DTT，50 μL 蛋白酶抑制剂，0.1 g PVPP，混匀备用；

10）把称量好的叶片放进研钵，加入液氮研磨成粉末后，按 1 g 叶片加入 1 mL 蛋白提取液的比例加入适量的蛋白提取液，然后转移到 2 mL 离心管中，往管中加入 1 μL TritonX-100，然后剧烈振荡 15 min；

11）$12\,000 \times g$ 离心 5min，把上清液转移到新的离心管中；

12）重复步骤 11）一次；

13）接着取 50 μL 蛋白溶液进行 Western 杂交，确认蛋白是否正确表达，如果蛋白能正确表达则继续进行下一步。

2. 脱盐柱制作

1）取 20mL GTEN 溶液放到干净的研钵中，然后往里面逐步少量加入 Bio-Gel P6 DG 粉末，并搅拌均匀，至粉末变为凝胶状；

2）置于 4℃ 冰箱中孵育 1~4 h；

3）向凝胶中加入 20 μL 1M DTT，混匀；

4）把凝胶转移到体积为 10 mL 的空色谱柱中，然后 4℃ $1\,000 \times g$ 水平离心 5 min，去除凝胶中多余水分，获得脱盐柱。

3. 免疫共沉淀

1）取 5 mL 提取好的蛋白溶液加入到制作好的脱盐柱中，然后 4℃ $1\,000 \times g$ 水平离心 5 min，流出来的过滤液则为经过脱盐处理的蛋白溶液；

2）往蛋白溶液中加入 20 μL 抗体凝胶，置于 4~10℃ 50 r/min 环境下孵育 4 h；

3）离心收集抗体凝胶，然后加入 IP buffer 清洗 3 次；

4）把凝胶转移至新的离心管中，再用 IP buffer 清洗两次；

5）往凝胶中加入 50 μL 1 × SDS Loading Buffer，100℃ 水浴 5 min，离心后收集上清液，进行 Western 杂交，分析 Co-IP 结果，结果参考图 16.2。

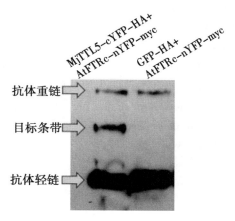

图 16.2　免疫共沉淀示例图

注：MjTTL5-cYFP-HA、GFP-HA 和 AtFTRc-nYFP-myc 分别表示表达相应蛋白，蛋白样品先经过 Anti-HA Affinity Gel 处理后再用 Anti-myc 抗体进行检测

【注意事项】

1）在烟草上进行农杆菌介导的瞬时，表达时应该尽量选择靠上部的完全展开的叶片进行注射；

2）瞬时表达时，使用农杆菌菌株 C58C1 效果较好，其他菌株如 LBA4404，GV3101 也能获得较高的表达量；

3）在提取蛋白时，要小心的吸取上清液，不要吸取到底部沉淀物，如果蛋白溶液中含有沉淀物可能会导致假阳性结果；

4）蛋白溶液先经过 Mouse IgG-Agarose（Sigma，A0919）处理，再加入 Anti-HA Affinity Gel 可以减少非特异性反应；

5）蛋白提取液和脱盐柱要现配现用，不能过夜存放；

6）调节 IP buffer 中的 NP-40 含量可以提高或降低洗脱的严谨度，具体浓度可以通过实验进行摸索确定；

7）制作 Bio-Gel P6 DG 凝胶时，一定要分多次少量的加入 Bio-Gel P6 DG 粉末，然后搅拌 10~30 s，如凝胶黏稠度较低继续加入粉末至黏稠度合适；

8）最后进行 Western 杂交检测时，二抗可能会对 Anti-HA Affinity Gel 中的抗体重链和轻链产生反应，而造成膜上出现抗体重链和轻链两条非特异的条带，一般不会影响对结果的判定，但如果重链和轻链条带与目的条带分子量相接近，可以通过特异性更高的二抗或 HRP 标记的一抗等方法（如抗 c-Myc-HRP 标记抗体等）避免重链或轻链的影响。

参考文献

Lin B，Zhuo K，Chen S，*et al*. 2016. A novel nematode effector suppresses plant immunity by activating host reactive oxygen species-scavenging system ［J］.New Phytologist, 209 （3）: 1159-1173.

Moffett P, Farnham G, Peart J. 2002. Interaction between domains of a plant NBS-LRR protein in disease resistance-related cell death ［J］.Embo Journal, 21 （17）: 4511-4519.

Wroblewski T, Tomczak A, Michelmore R. 2005. Optimization of Agrobacterium-mediated transient assays of gene expression in lettuce, tomato and Arabidopsis ［J］.Plant Biotechnology Journal, 3 （2）: 259-273.

附录 1　实验室常用试剂配制

【培养基的配制方法】

1. LB（Luria-Bertni）培养基

10 g Tryptone，5 g Yeast Extract，10 g NaCl，调 pH 值 = 7.5。配制固体培养基时再加入 15 g 琼脂粉，121℃高压蒸汽灭菌。

2. 含氨苄青霉素或卡那霉素的 LB 平板培养基

将配好的 LB 固体培养基高压灭菌，当培养基温度降至 60℃时，在超净工作台中加入氨苄青霉素（Amp），使其在培养基内的终浓度为 50 μg/mL，摇匀后立即倒平板。若抗生素为卡那霉素（Kan），则培养基中抗生素终浓度为 50 μg/mL。

3. YPDA

10 g Yeast Extract，20 g Peptone，20 g D-Glucose，0.03 g 腺嘌呤硫酸盐，加入 800 mL ddH$_2$O 溶解，调 pH 值 = 6.0，定容至 1 000 mL，配制固体培养基时加入 20 g 琼脂粉，115℃高温灭菌 30 min。

4. YPDA（含 25% 甘油）

10 g Yeast Extract，20 g Peptone，20 g D-Glucose，0.03 g 腺嘌呤硫酸盐，加入 600 mL ddH$_2$O 溶解，调 pH 值 = 6.0，加入 250 mL 甘油，混匀，用 ddH$_2$O 定容至 1 000 mL，115℃高温灭菌 30 min。

5. SD/-Leu 培养基

6.7 g Yeast Nitrogen Base，0.154 g -Leu 粉末，20 g D-Glucose，加入 1 000 mL ddH$_2$O 溶解，调 pH 值 = 6.0，配制固体培养基时再加入 20 g 琼脂粉，115℃高温灭菌 30 min。

6. SD/-Trp 培养基

6.7 g Yeast Nitrogen Base，0.154 g -Trp 粉末，20 g D-Glucose，加入 1 000 mL ddH$_2$O 溶解，调 pH 值 = 6.0，配制固体培养基时再加入 20 g 琼脂粉，115℃高温灭菌 30 min。

7. SD/-Leu-Trp 培养基

6.7 g Yeast Nitrogen Base，0.154 g -Leu-Trp 粉末，20 g D-Glucose，加入 1 000 mL ddH$_2$O 溶解，调 pH 值 = 6.0，配制固体培养基时再加入 20 g 琼脂粉，115℃高温灭菌 30 min。

| 8. SD/-Leu-Trp-His 培养基 | 6.7 g Yeast Nitrogen Base，0.154 g -Leu-Trp-His 粉末，20 g D-Glucose，加入 1 000 mL ddH$_2$O 溶解，调 pH 值=6.0，配制固体培养基时再加入 20 g 琼脂粉，115℃高温灭菌 30 min。 |

【DNA 提取试剂配制方法】

1. 大量线虫 DNA 提取缓冲液

5 mL 1 M Tris-HCl（pH 值=8.0），5 mL 1 M NaCl，5 mL 100 mM EDTA-Na$_2$，5 mL 10% SDS，用灭菌水定容至 100 mL，121℃高压灭菌，使用前每 1 mL 提取液加入 10 μL β-巯基乙醇和 10 μL 蛋白酶 K（10 mg/L）。

2. 单条线虫 DNA 提取缓冲液

2 μL 10×r*Taq* DNA polymerase buffer（Mg^{2+}free），2 μL 蛋白酶 K（20 mg/mL），16 μL ddH$_2$O。

3. 酚-氯仿（1:1，V/V）

首先配制氯仿-异戊醇溶液，按氯仿：异戊醇体积比为 24:1 混合并振荡均匀，其次用饱和酚与上述氯仿 1:1 混合既得酚-氯仿溶液。

4. TE 缓冲液

1 mL 1 M Tris-HCl（pH 值=8.0），1 mL 100 mM EDTA-Na$_2$，用 ddH$_2$O 定容至 100 mL，121℃高压灭菌，用于保存 DNA 时加入终浓度为 20 μg/mL 的 RNaseA。

【DNA 琼脂糖电泳缓冲液配制方法】

1. 5×TAE

24.2 g Tris（三羟甲基氨基甲烷），3.72 g EDTA-Na$_2$ 溶于 900 mL ddH$_2$O，用冰乙酸调 pH 值=8.5，加入 ddH$_2$O 定容至 1 000 mL。

2. 5×TBE

54g Tris，27.5g 硼酸，3.5g EDTA-Na$_2$ 溶于 900 mL ddH$_2$O，调 pH 值=8.3，加入 ddH$_2$O 定容至 1 000 mL。

3. 0.8%琼脂糖凝胶（20mL，制作八孔胶）

称取 0.16g 琼脂糖置于可以灭菌的试剂瓶中，加入电泳缓冲液（0.5×缓冲液）20mL，置于微波炉中充分融化，等温度降至 60~70℃时充分摇匀，加入核酸染色剂，倒入电泳用的托盘中，冷却，备用。

【原位杂交试剂】

1. 20×SSC　　在 800 mL 水中溶解 NaCl 175.3 g，柠檬酸钠 88.2 g，加入数滴 10M NaOH 溶液调 pH 值 = 7.0，加水定容至 1 000 mL，121℃高压灭菌。

2. 显色液　　1.6 mL AP 缓冲液，200 μL NBT，200 μL BCIP。

3. 4%多聚甲醛　　0.4 g 多聚甲醛，10 mL PBS，55℃水浴至完全溶解。

4. 马来酸缓冲液　　11.607 g 马来酸，8.77 g NaCl，ddH$_2$O 定容至 1 000 mL，加入 NaOH 调 pH 至 7.5，121℃高压灭菌。

5. 原位杂交杂交液　　5 mL 去离子甲酰胺，2 mL 20 × SSC，100 μL 2% Ficoll 400，100 μL 2% PVP，100 μL 2% BSA，100 μL 1.5% yeast tRNA，20 μL 10mg/mL 鲑鱼精 DNA，100 μL 100 mM EDTA-Na$_2$。

6. 1× blocking solution　　10 mL 10 × blocking solution，90 mL 马来酸缓冲液，混匀。

【免疫共沉淀试剂】

1. GTEN　　10 mL 甘油，0.3 g Tris，0.3 g EDTA，0.88 g NaCl，加入 60 mL ddH$_2$O 溶解，调 pH 值 = 7.5，在定容至 100 mL，121℃高压灭菌后，保存于 4℃。

2. 10% NP-40　　10 mL NP-40，加入 ddH$_2$O 定容至 100 mL。

3. 1 M DTT　　0.15 g DTT，1 mL 灭菌 ddH$_2$O，完全溶解后，保存于 -20℃。

4. IP buffer　　100 mL GTEN，1.5 mL 10% NP-40，1 mL 1 M DTT。

5. 5 × SDS Loading buffer　　1.25 mL 1 M Tris-HCl（pH 值 = 6.8），0.5 g SDS，0.025 g 溴酚蓝，2.5 mL 甘油，加入 ddH$_2$O 定容至 5 mL。

【原生质体制作】

1. 酶溶液　　0.4 g macerozyme R-10，0.8 g cellulose R-10，0.88 g CaCl$_2$，0.0975 g MES，然后用 400 mM 甘露醇溶液定容至 30 mL，完全

溶解后调 pH 值=5.8，0.22 μm 过滤器进行过滤，备用。

2. W5 溶液　　9.0 g NaCl，13.88 g CaCl$_2$，0.37 g KCl，0.9 g 葡萄糖，1 g MES，加入 800 mL ddH$_2$O 溶解，调 pH 值=5.8，用 ddH$_2$O 定容至 1 000 mL，通过 0.22 μm 过滤器过滤，备用。

3. MMG 溶液　　1.52 g MgCl$_2$，1 g MES，加入 800 mL 400 mM 甘露醇溶液，调 pH 值=5.8，用 400 mM 甘露醇溶液定容至 1 000mL，用 0.22 μm 过滤器过滤，备用。

4. PEG 溶液　　40g PEG8000，1.64 g Ca（NO$_3$）$_2$，用适量 400 mM 甘露醇溶液溶解后，调 pH 值=5.8，然后定容至 100 mL。

5. 400 mM 甘露醇溶液　　72.87 g 甘露醇，加入 800 mL ddH$_2$O 完全溶解后，用 ddH$_2$O 定容至 1 000 mL。

6. 0.5×B5 培养基　　1.6g Gamborg's B-5 Basal Salt Mixture，20 g 蔗糖，加入 800 mL ddH$_2$O 完全溶解后调 pH 值=5.8，用 ddH$_2$O 定容至 1 000 mL，加入 8 g agarose，121℃ 高压灭菌后，备用。

【其他溶液配制方法】

1. 100 mM EDTA-Na$_2$（pH 值=8.0）　　37.2 g EDTA-Na$_2$ 加入 800 mL ddH$_2$O 溶解，调 pH 值=8.0（约需 20 g NaOH 颗粒），然后定容至 1 000 mL，121℃ 高压灭菌备用。

2. 10% SDS（10mL）　　将 1g SDS 加水溶解，定容至 10 mL，分装备用（SDS 的微细晶粒易于扩散，因此称量时要戴面罩，称量完毕后要清除残留在称量工作区和天平上 SDS）。

3. 3 M NaAc　　408.1 g NaAc 溶于 800 mL 水中，用冰乙酸调节 pH 值=4.8，加水定容至 1 000 mL，121℃ 高压灭菌后，分装备用。

4. 8M LiCl　　33.91 g LiCl，用 RNase-Free H$_2$O 定容至 100 mL。

5. 磷酸盐缓冲溶液（PBS）　　8 g NaCl，0.2 g KCl，1.44 g KH$_2$PO$_4$ 加入 800mL ddH$_2$O 溶解，调 pH 值=7.4，加水定容至 1 000 mL，121℃ 高压灭菌，保存于室温。

6. TBS 缓冲液　　　　　8 g NaCl，0.2 g KCl，3 g Tris，加入 800 mL ddH$_2$O 中溶解，并用 HC1 调 pH 值 = 7.4，用 ddH$_2$O 定容至 1 000 mL，121℃ 高压灭菌，于室温保存。

7. 氨苄青霉素（Amp）溶液　　　　　0.5g 氨苄青霉素，加入 10 mL 无菌水，过滤除菌，−20℃ 避光保存，使用时按 1∶1 000加入到培养基中。

8. 卡那霉素（Kan）溶液　　　　　0.5g 硫酸卡那霉素，加入 10 mL 无菌水，过滤除菌，−20℃避光保存，使用时按 1∶1 000加入到培养基中。

9. 利福平（Rif）溶液　　　　　0.5 g 利福平，加入 10 mL DMSO，−20℃ 避光保存，使用时按 1∶1 000加入到培养基中。

10. Aba 存储液　　　　　1 mg Aureobasidin A，加入 2 mL 无水乙醇，溶解后避光保存于−20℃。

11. 100mM 乙酰丁香酮溶液（AS）　　　　　0.019 6 g 乙酰丁香酮，加入 1 mL DMSO 溶解后，−20℃避光保存。

12. 10 mM MES　　　　　1.95 g MES，加入 900 mL ddH$_2$O，调 pH 值 = 5.8，定容至 1 000 mL，121℃高压灭菌。

13. M9 buffer　　　　　3 g KH$_2$PO$_4$，6 g Na$_2$HPO$_4$，0.5 g NaCl，1 g NH$_4$Cl，ddH$_2$O 定容至 1 000 mL，121℃高压灭菌。

14. 柠檬酸钠缓冲液　　　　　0.38 g 柠檬酸，1.62g 柠檬酸钠，ddH$_2$O 定容至 1 000 mL，调 pH 值 = 6.0，121℃高压灭菌。

15. Luminol 溶液　　　　　0.017 g Luminol，1 mL DMSO，溶解后-20℃避光保存。

16. HRP　　　　　0.01 g Horseradish Peroxidase，1 mL 灭菌 ddH$_2$O，完全溶解后，分装保存于−20℃。

17. 1.1×TE/LiAC　　　　　1.1 mL 10×TE，1.1 mL 1M LiAc，加入灭菌 ddH$_2$O 定容至 10 mL。

18. PEG/LiAc　　　　　8 mL 50% PEG 3350，1 mL 10 × TE，1 mL 1M LiAc。

19. 1 M Tris-HCl　　　　　　121 g Tris，加入 800 mL ddH$_2$O 溶解后，用 HCl 调 pH 值 =
（pH 值 = 8. 0）　　　　　8. 0，用 ddH$_2$O 定容至 1 000 mL，121℃高压灭菌。

20. 固定液　　　　　　　　乙酸 250 mL，酒精 750 mL，混匀，室温避光存放备用。

附录 2 缩写词对照表

缩写	英文全称	中文全称
A	adenine	腺嘌呤
aa	amino acid	氨基酸
Aba	Aureobasidin A	金担子素 A
Amp	Ampicillin	氨苄青霉素
AS	Acetosyringone	乙酰丁香酮
BiFC	Bimolecular Fluorescence Complementation	双分子荧光互补
BLAST	Basic Local Alignment Search Tool	同源性比对
Bp	Base pair	碱基对
cDNA	complementary DNA	互补 DNA
Co-IP	Co-Immunoprecipitation	免疫共沉淀
d	Day	天
ddH$_2$O	Double distilled water	双蒸水
DEPC	Diethy pyrocarbonate	焦碳酸二乙酯
DMSO	Dimethyl sulfoxide	二甲基亚砜
DNA	Deoxyribo nucleic acid	脱氧核苷酸
dNTP	Deoxy nucleotide triphosphates	脱氧核苷三磷酸
DPI	day post-inoculation	接种后天数
dsRNA	double-stranded RNA	双链核糖核酸
ds cDNA	double-stranded complementary DNA	双链互补 DNA
DTT	Dithiothreitol	二硫苏糖醇
EDTA	Ethylene diamine tetracetic acid	乙二胺四乙酸
EST	Express Sequence Tag	表达序列标签
ETI	Effector triggered-immunity	效应子触发的免疫反应
GFP	Green fluorescent protein	绿色荧光蛋白
YFP	Yellow fluorescent protein	黄色荧光蛋白
h	Hour	小时
Kan	Kanamycin sulfate	硫酸卡那霉素

（续表）

缩写	英文全称	中文全称
kb	Kilobase pairs	千碱基对
kDa	Kilo-Dalton	千道尔顿
M	Mole/Liter	摩尔每升
MES	2-Morpholinoethanesulfonic Acid	2-吗啉乙磺酸
mg	Milligram	毫克
min	Minute	分钟
mL	Milliliter	毫升
mM	Millilmole/ Liter	毫摩尔每升
mRNA	Messenger ribonucleoside acid	信使核糖核苷酸
ng	Nanogram	纳克
OD	Optical density	光密度
PAMP	Pathogen Associated Molecular Pattern	病原物相关分子模式
PCR	Polymerase chain reaction	聚合酶链式反应
PTI	PAMPs triggered-immunity	病原物相关分子模式触发的免疫反应
PVPP	Crosslinking polyvingypyrrolidone	交联聚乙烯吡咯烷酮
RACE	Rapid-amplification of cDNA ends	cDNA 末端的快速扩增
RNA	Ribonucleic Acid	核糖核酸
RNAi	RNA interference	RNA 干涉
ROS	Reactive Oxygen Species	活性氧
r/min	revolutions per minute	每分钟转数
SSH	Suppression subtractive hybridization	抑制差减杂交
TE	Tris-HCl-EDTA buffer	TE 缓冲液
TEMED	N，N，N′，N′-Tetramethylethylenediamine	四甲基乙二胺
V	volume	体积
W	Weight	重量
Y2H	Yeast two-hybird	酵母双杂交
μg	Microgram	微克
μL	Microlitre	微升